城市建设用地
抗震防灾适宜性评价方法

李　波／著

Evaluation Methodology of Aseismic Suitability of Urban Construction Land

化学工业出版社
·北京·

内容简介

本书共 8 章，立足于建立城市建设用地抗震防灾适宜性评价的基本体系，围绕抗震防灾适宜性评价中的关键科学问题进行了研究与探讨，主要介绍了在地表破裂距离危险等级和地表破裂概率共同影响下的场地地表破裂危险性评价模型、灰色关联-逐步分析、条件广义方差极小-盲数理论、离差最大化-可变模糊集耦合评价模型，以及建设用地抗震防灾适宜性的变权集对分析-Vague 评价模型。

本书可供建筑勘察设计院等科研院所及设计院从事防震减灾工作的科研人员、技术人员、勘察人员参考，也可供高等学校岩土工程、土木工程及相关专业师生参阅。

图书在版编目（CIP）数据

城市建设用地抗震防灾适宜性评价方法/李波著. —北京：
化学工业出版社，2021.7（2023.1重印）
ISBN 978-7-122-39025-7

Ⅰ.①城… Ⅱ.①李… Ⅲ.①城市土地-抗震措施-适宜性评
价-研究 Ⅳ.①P315.9

中国版本图书馆 CIP 数据核字（2021）第 078507 号

责任编辑：刘　婧　刘兴春　　　　　　　　装帧设计：史利平
责任校对：王素芹

出版发行：化学工业出版社（北京市东城区青年湖南街 13 号　邮政编码 100011）
印　　装：北京科印技术咨询服务有限公司数码印刷分部
710mm×1000mm　1/16　印张 10¼　彩插 1　字数 158 千字
2023 年 1 月北京第 1 版第 2 次印刷

购书咨询：010-64518888　　　　　　　　　售后服务：010-64518899
网　　址：http://www.cip.com.cn
凡购买本书，如有缺损质量问题，本社销售中心负责调换。

定　　价：85.00 元　　　　　　　　　　　　版权所有　违者必究

前　言

　　地震作为危害最为严重的自然灾害之一，一直都是防灾研究的重点。随着我国城市化进程的快速发展，人们对城市安全和防灾的要求日益强烈。建设用地作为城市功能的载体，为人们提供了生产和生活空间，建设用地抗震防灾适宜性评价不仅是城市抗震防灾规划的关键内容，也是城市综合防灾规划中土地利用防灾规划的重要环节。因此，开展城市建设用地抗震防灾适宜性评价体系以及评价方法研究具有重要的意义。本书立足于建立城市建设用地抗震防灾适宜性评价的基本体系，围绕抗震防灾适宜性评价中的关键科学问题，开展了以下几个方面的研究。

　　在地表破裂危险性分级原则研究的基础上，统计分析了地表破裂宽度的历史数据，综合考虑震级和上覆土层厚度两个主要因素，建立了具有较强小样本处理能力的强震地表破裂宽度信息扩散预测模型；同时，基于地震危险性、地表破裂宽度和上覆盖土层厚度联合建立了地表破裂宽度发生概率计算公式，并提出了简化计算方式，进而得到在地表破裂距离危险等级和地表破裂概率共同影响下的场地地表破裂危险性评价模型。为城市建设用地抗震防灾适宜性评价的地表破裂危险性影响判别分析提供了科学支撑。

　　对影响城市建设用地抗震防灾适宜性评价的砂土液化、软土震陷、崩塌滑坡主要因素进行分析，分别提出了具有更好稳定性、泛化能力和辨识程度的灰色关联-逐步分析、条件广义方差极小-盲数理论、离差最大化-可变模糊集耦合评价模型，克服了单一的评价模型无法从空间尺度上准确真实反映出适宜性系统整体的特征和变化过程的缺点，为城市建设用地抗震防灾适宜性评价提供了坚实基础。

　　针对城市建设用地抗震防灾适宜性评价指标权重动态变化和强限定性因素对评价结果的影响问题，在引入局部变权理论和"一票否决"的基础上，提出了建设用地抗震防灾适宜性的变权集对分析-Vague 评价模型，弥补了模糊集中单一隶属函数的不足，较为客观地反映了建设用地抗震防灾适宜性评价结果介于支持和反对之间的不确定状态描述，为城市建设用地抗震防灾适宜性评价提供了决策依据。

本书可供建筑勘察设计院等科研院所及设计院从事防震减灾工作的科研人员、技术人员、勘察人员参考，也可供高等学校岩土工程、土木工程及相关专业师生参阅。本书在撰写过程中得到了北京工业大学苏经宇研究员、马东辉研究员、王威副研究员的指导和支持，在此表示感谢。

限于时间及作者水平，书中不足之处在所难免，敬请读者批评指正。

著　者
2021 年 2 月

目 录

第 1 章   概述 ———————————————————— 1

1.1 我国地震与抗震防灾情况 ……………………………… 2

1.2 城市建设用地 …………………………………………… 5

1.3 抗震防灾适宜性评价研究 ……………………………… 7

    1.3.1 抗震防灾适宜性 …………………………………… 7

    1.3.2 抗震防灾适宜性评价 ……………………………… 8

1.4 国内外相关研究与发展趋势 …………………………… 12

    1.4.1 活动断层引发的地表破裂危险性评价研究 ………… 12

    1.4.2 砂土液化判别研究 ………………………………… 15

    1.4.3 软土震陷判别研究 ………………………………… 18

    1.4.4 崩塌滑坡危险性评价研究 ………………………… 21

    1.4.5 土地防灾适宜性评价研究 ………………………… 22

1.5 存在的问题 ……………………………………………… 24

1.6 研究内容与研究思路 …………………………………… 25

    1.6.1 研究内容 …………………………………………… 25

    1.6.2 研究思路 …………………………………………… 27

第 2 章   基于信息扩散和概率分析的强震地表

破裂危险性研究 ———————————————— 29

2.1 引言 ……………………………………………………… 30

2.2 地表破裂危险距离分级研究 ⋯⋯⋯⋯⋯⋯⋯⋯⋯⋯ 32

    2.2.1 断层避让距离的相关规定 ⋯⋯⋯⋯⋯⋯⋯ 32

    2.2.2 地表破裂危险距离等级划定 ⋯⋯⋯⋯⋯⋯ 34

2.3 场地地表破裂危险性分级研究 ⋯⋯⋯⋯⋯⋯⋯⋯⋯ 35

    2.3.1 强震地表破裂宽度信息扩散预测模型 ⋯ 35

    2.3.2 地表破裂宽度概率分析模型 ⋯⋯⋯⋯⋯ 45

    2.3.3 场地地表破裂危险性评价方法 ⋯⋯⋯⋯ 48

2.4 实例分析 ⋯⋯⋯⋯⋯⋯⋯⋯⋯⋯⋯⋯⋯⋯⋯⋯⋯ 49

2.5 本章小结 ⋯⋯⋯⋯⋯⋯⋯⋯⋯⋯⋯⋯⋯⋯⋯⋯⋯ 51

第3章 地震砂土液化灰色关联-逐步分析耦合判别研究 —— 53

3.1 引言 ⋯⋯⋯⋯⋯⋯⋯⋯⋯⋯⋯⋯⋯⋯⋯⋯⋯⋯⋯ 54

3.2 砂土液化影响因素分析 ⋯⋯⋯⋯⋯⋯⋯⋯⋯⋯⋯ 56

3.3 地震砂土液化耦合判别研究 ⋯⋯⋯⋯⋯⋯⋯⋯⋯ 57

    3.3.1 耦合模型原理 ⋯⋯⋯⋯⋯⋯⋯⋯⋯⋯⋯ 58

    3.3.2 耦合判别模型思路 ⋯⋯⋯⋯⋯⋯⋯⋯⋯ 58

    3.3.3 耦合判别模型构建 ⋯⋯⋯⋯⋯⋯⋯⋯⋯ 59

3.4 实例验证 ⋯⋯⋯⋯⋯⋯⋯⋯⋯⋯⋯⋯⋯⋯⋯⋯⋯ 63

    3.4.1 判别指标的选取 ⋯⋯⋯⋯⋯⋯⋯⋯⋯⋯ 63

    3.4.2 模型的构建与计算 ⋯⋯⋯⋯⋯⋯⋯⋯⋯ 64

    3.4.3 验证分析 ⋯⋯⋯⋯⋯⋯⋯⋯⋯⋯⋯⋯⋯ 68

3.5 本章小结 ⋯⋯⋯⋯⋯⋯⋯⋯⋯⋯⋯⋯⋯⋯⋯⋯⋯ 69

第4章 区域软土震陷评估的条件广义方差极小-盲数耦合分析研究 —— 71

4.1 引言 ⋯⋯⋯⋯⋯⋯⋯⋯⋯⋯⋯⋯⋯⋯⋯⋯⋯⋯⋯ 72

4.2 区域软土震陷危险性评估研究 ⋯⋯⋯⋯⋯⋯⋯⋯ 73

    4.2.1 耦合评估模型基本原理 ⋯⋯⋯⋯⋯⋯⋯ 73

　　　　4.2.2　耦合模型评估思路 ·························· 74

　　　　4.2.3　耦合评估模型构建 ·························· 74

　　4.3　实例验证 ································· 78

　　　　4.3.1　指标筛选 ···························· 79

　　　　4.3.2　计算关系拟合 ·························· 80

　　　　4.3.3　区域软土地基震陷评估 ·················· 81

　　4.4　本章小结 ································· 83

第 5 章　地震崩塌滑坡危险性离差最大化-
可变模糊集评价研究 ────────────────── **85**

　　5.1　引言 ································· 86

　　5.2　地震崩塌滑坡危险性的研究中存在的问题 ·················· 87

　　5.3　地震崩塌滑坡产生的影响因素 ················· 89

　　　　5.3.1　地形地貌条件的影响 ·················· 89

　　　　5.3.2　地震的影响 ·························· 90

　　　　5.3.3　地层、岩土类型的影响 ·················· 91

　　　　5.3.4　水文条件的影响 ······················ 92

　　5.4　地震崩塌滑坡危险性评价研究 ················· 92

　　　　5.4.1　离差最大化法基本原理 ················· 92

　　　　5.4.2　可变模糊集理论 ···················· 95

　　5.5　实例研究 ································· 101

　　　　5.5.1　数据收集及指标体系建立 ·················· 102

　　　　5.5.2　影响因素权重的确定 ·················· 104

　　　　5.5.3　评价计算 ···························· 105

　　5.6　本章小结 ································· 108

第 6 章　建设用地防灾适宜性变权集对分析-
Vague 集耦合评价研究 ────────────────── **111**

　　6.1　引言 ······························· 112

6.2 土地防灾适宜性分级及评价体系研究 ················· 112

    6.2.1 土地防灾适宜性分级体系研究 ················· 112

    6.2.2 土地防灾适宜性评价体系研究 ················· 117

6.3 建设用地防灾适宜性耦合评价研究 ················· 119

    6.3.1 耦合模型原理 ················· 119

    6.3.2 耦合评价模型构建 ················· 120

    6.3.3 算例分析 ················· 126

6.4 本章小结 ················· 129

第7章 典型案例：镇江市建设用地抗震防灾适宜性研究 — 131

7.1 自然地理条件 ················· 132

7.2 建设用地防灾适宜性评价 ················· 132

    7.2.1 镇江市建设用地防灾适宜性等级分类 ················· 132

    7.2.2 评价指标体系的建立 ················· 133

    7.2.3 各评价因素指标属性值的确定 ················· 134

    7.2.4 评价结果分析 ················· 138

7.3 本章小结 ················· 139

第8章 城市建设用地抗震防灾适宜性评价
研究结论与展望 —— 141

8.1 研究结论 ················· 142

8.2 研究创新 ················· 144

8.3 研究展望 ················· 144

参考文献 —— 146

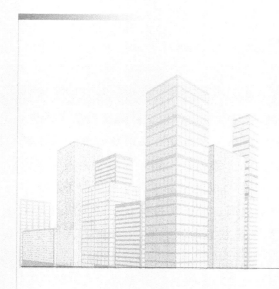

第 1 章

概述

1.1 我国地震与抗震防灾情况

地震是对人类生存安全危害最大的自然灾害之一。从地震分布特征看，我国位于世界两大地震构造系的交汇部位。从地震地质背景看，我国大陆存在发生频繁地震的内因与外在条件。我国陆地面积占全球陆地面积的7%，但20世纪以来7.0级以上大陆地震的发生次数却占全球的35%。在我国大陆内，有50%的国土面积位于Ⅶ度以上的地震高烈度区域[1]。对中国境内历史地震进行大规模搜集整理及统计结果表明，截至1955年，我国有文字记载的地震达8000余次，其中造成灾害的约达1000次。

20世纪中，1920年的海原8.5级地震和1976年的唐山7.8级地震，死亡人数均在20万以上[2]。进入21世纪以来，我国地震不断发生，2000~2007年期间成灾地震次数达83次，伤亡人数达13000余人，直接经济损失达141.57亿元[6]。而2008年汶川8.0级特大地震，共造成四川、甘肃、陕西、重庆等16省（直辖市、自治区）、417个县（市、区）、4624个乡镇、46574个村庄不同程度受灾，受灾面积约44万平方千米。地震造成69227人遇难，374643人受伤，直接经济损失达8451亿元；2010年4月14日青海玉树发生7.1级地震，造成2698人遇难，20多万人受灾，经济损失达6000多亿元。表1-1所列为近年来各大地震灾害的震害情况。由此可见，我国的抗震防灾形势依然非常严峻，以地震为主的自然灾害严重性构成了中国的基本国情之一。

表1-1　近年来各大地震灾害的震害情况

震例	灾情基本情况描述
1976-07-28 中国唐山 7.8级地震[3]	① 1976年7月28日凌晨3点42分,唐山地区发生了7.8级地震,震中烈度高达Ⅺ度;这次地震造成242000余人死亡,164000余人受伤,损失总计约为100亿元。 ② Ⅸ度区长轴长10.5km,宽3.5~5.5km,面积为4.7km²;Ⅹ度区长轴长35km,最宽处达15km,面积约为370km²;Ⅸ度区长轴长78km,短轴长42km,面积约为1800km²;Ⅷ度区长轴长120km,短轴长84km,面积为7270km²;Ⅶ度区长轴长240km,短轴长150km,面积为33300km²;Ⅵ度区大致以承德、怀柔、房山、肃宁、沧州一线为界;破坏范围超过30000km²;波及辽、晋、豫、鲁等14个省、直辖市、自治区。 ③ 以前,唐山的建筑抗震标准定的是烈度6度,然而这次地震震中烈度达到Ⅸ度

续表

震例	灾情基本情况描述
2008-05-12 中国汶川 8.0 级地震[4]	① 2008 年 5 月 12 日 14 时 28 分,中国四川省汶川县境内发生 8.0 级地震,造成近 69227 人死亡,17923 人失踪,8451 亿元人民币的经济损失 ② 映秀Ⅺ度区:长轴约 66km,短轴约 20 km,北川Ⅺ度区:长轴约 82km,短轴约 15km,面积约 2419km²;Ⅹ度区:长轴 224km,短轴约 28km,面积约 3144km²;Ⅸ度区:长轴约 318km,短轴约 45km,面积约为 7738km²;Ⅷ度区:长轴约 413km,短轴约 115km,面积约 27786km²;Ⅶ度区:长轴约 566km,短轴约 267km,面积约 84449km²;Ⅵ度区:长轴约 936km,短轴约 596km,面积约 314906km²;破坏面积合计 440442km²,波及四川、甘肃、陕西、重庆等 16 省(直辖市、自治区)、417 个县(市、区)、4624 个乡镇。 ③ 此次地震之前,汶川一些地区的抗震设防烈度为 7 度,理论上所能抵御的大震不倒的罕遇烈度约为 8 度,而这次地震的影响烈度在这些地区已经达到了Ⅹ~Ⅺ度。 ④ 此次地震还触发了 1 万多处崩塌、滑坡、泥石流、堰塞湖等地质灾害
2010-01-13 海地太子港 7.3 级地震[5]	① 2010 年 1 月 13 日 5 时 53 分,加勒比海岛国海地发生 7.3 级地震,造成了 222650 人死亡(相当于其总人口的 2%),310930 人受伤,共有 403176 栋建筑物遭到破坏,经济损失达 78 亿美元,相当于 2009 年的国内生产总值(据海地政府的统计)。 ② 震中烈度约为Ⅹ度,长 105km,宽 15km,面积约 1575km²;Ⅸ度区长 125km,宽 35km,面积约 4375km²;Ⅷ度区长 160km,宽 65km,面积约 10400km²
2010-02-27 智利 康塞普西翁市 8.8 级地震[6]	① 2010 年 2 月 27 日,智利康塞普翁市的东北部发生 8.8 级地震,造成 279 人死亡,损失达 300 亿美元。 ② 地震影响场长轴分布方向与灾区海岸线方向平行,陆地上地震烈度(MMI)只有Ⅷ度,长约 500km,宽约 110km,面积超过 5 万平方千米;不仅波及 Tome、Parral 等多个城市,还波及包括澳大利亚、秘鲁等多个国家;引发的海啸冲击了一些环太平洋岛国
2010-04-14 中国玉树 7.1 级地震[4]	① 2010 年 4 月 14 日 7 时 49 分,青海省玉树藏族自治州玉树县发生 7.1 级地震,造成 2698 人遇难,270 人失踪,246842 人受灾,6000 多亿元经济损失。 ② 8 度破坏区集中在玉树结古镇,东西 70~80km,南北 20km 左右的区域; ③ 此次地震还引发了崩塌、滑坡等多种地震次生灾害发生
2011-02-22 新西兰基督城 6.3 级地震[7]	① 2011 年 2 月 22 日中午 12 时 51 分,新西兰基督城(克莱斯特彻奇)发生 6.3 级强烈地震,地震共造成 182 人遇难,成为新西兰 80 多年来死伤最为惨重的地震。 ② 当地 80%的地区停电;多处建筑物严重受损、倒塌;路面多处震裂、扭曲
2011-03-11 日本东海岸 9.0 级地震[8]	① 2011 年 3 月 11 日 14 时 46 分,日本东北部宫城县以东太平洋海域发生 9.0 级地震并引发海啸,造成福岛核电站爆炸,发生核泄漏事故,对周边地区的环境造成影响;造成 15843 人死亡,3469 人失踪,经济损失达 16 兆 9 千亿日元(内阁府)。 ② 由中国地震信息网发布的烈度估算图:岩手县大部分地区为Ⅺ度烈度,宫城县、富县、岩手县等县的许多地区烈度达到Ⅹ度;Ⅵ度区覆盖日本沿海绝大部分地区

续表

震例	灾情基本情况描述
2013-04-20 中国四川省 雅安市芦山县 7.0 级地震[9]	① 2013 年 4 月 20 日 8 时 02 分,四川省雅安市芦山县龙门乡马边沟(北纬 30.3 度、东经 103.0 度)发生里氏 7.0 级地震,震中烈度为IX度。据中国地震局网站消息,截至 24 日 14 时 30 分,地震共计造成 196 人死亡,失踪 21 人,11470 人受伤。 ② 据雅安市政府应急办通报,震中芦山县龙门乡 99%以上房屋垮塌,卫生院、住院部停止工作,停水停电。根据四川省民政厅网站,截至 4 月 21 日 18 时统计,地震已造成房屋倒塌 1.7 万余户、5.6 万余间,严重损房 4.5 万余户、14.7 万余间,一般损房 15 万余户、71.8 万余间,芦山县和宝兴县倒损房屋 25 万余间。地震造成多处崩塌、滑坡灾害,导致灾区道路破坏,救援工作困难。重灾区房屋破坏严重,几乎全部毁坏

地震不仅会造成大量的人员伤亡和经济损失,也会对城市造成破坏,严重影响了城市的可持续发展。改革开放以来,我国城市化水平显著提高,1978 年我国城市化水平为 17.90%,2000 年提高到 36.20%,截至 2008 年底,我国城市化水平已达到 45.68%。根据城市化发展规律预测,到 2022 年我国的城市化水平将达到 62%。因此,在未来 10~20 年内,我国将处于城市化快速发展阶段,这也是我国城市安全与防灾的关键阶段,城市抗震安全与防灾流程如图 1-1 所示。

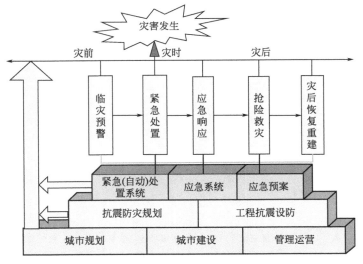

图 1-1　城市抗震安全与防灾流程框架图

1.2 城市建设用地

（1）城市建设用地概念及其特点

土地是人类赖以生存和发展的重要物质基础，在我国《土地管理法》中，将土地分为三类，即农业用地、建设用地和未利用地[13]。

城市建设用地通常是指在城市范围内用于建设建筑物、构筑物，或用于其他城市改造和拓展工程的土地，主要包括城市居住用地、商业用地、公共设施用地、工矿用地、交通水利设施用地和军事设施用地等。城市建设用地利用其承载功能，为人们的生活和生产提供场所，其特点主要体现在以下几个方面。

1）区位性

每一块建设用地都有明确的空间定位，其地理位置和范围都是独立的，不会因时间变化出现数量的增减，在空间上也无法转移。并且，位于不同地理位置的建设用地在自然、社会、经济等属性以及建设适宜性方面都存在着很大的差异。如商业用地一般会选择人口密集、交通便利、地质条件较好的城市地段，而不会考虑土壤肥沃，但建设适宜程度不高的地段。建设用地的区位性决定了它不同于其他商品，在社会发展中具有不可替代性。

2）资产性

尽管城市建设用地因具有不可替代性而有别于其他普通商品，但它与其他商品一样具有最基本的资产性，以及明确的资产价值、权属关系和排他性，不同地块因"价值差异"可以在买卖和租赁中体现出不同的经济价值。

3）不可逆性

随着城镇化的快速发展以及人们对于建（构）筑物稳定性的要求，城市的数量和建设规模都出现了扩张，这也就意味着越来越多的非建设用地将转变其功能变为建设用地。在转变的过程中，土地原本的用途和特性都发生了变化。通常，农业用地只要具备工程建设条件，稍加开发就可以转变为建设用地。但是，土地一旦转化为建设用地，就会丢失其保证原有功能的物理条件，并且难以恢复，即使通过特殊的技术手段将其恢复，也需要付出很大的人力、物力以及经济代价。

4）高度集约性

相比于农业用地，建设用地在单位面积上可以投放的劳动力与资本比农业用地要高得多，也可以产生更多的经济效益，所以建设用地属于高度集约型的土地利用。因此在社会发展过程中，人们更倾向于将其他类型用地转化为建设用地。

5）重复使用性

一般情况下，城市建设用地只要不经受毁灭性的灾害，往往可以重复利用或改变功能后继续使用。这也是建设用地区别于其他消耗型商品的一个重要特性。

（2）我国城市抗震防灾特点

随着我国城市化进程的不断加快和加深，城市所面临的抗震防灾问题也日益突出。目前，我国城市在抗震防灾方面主要呈现出以下特点。

① 城市人口数量快速增长，伴随着产业结构的调整，经济活动也越来越集中。这些因素使得城市软硬件环境以及可持续发展之间的不平衡现象逐步加剧，从而导致在很多环节上存在大量的安全隐患，一旦发生地震，所造成的损失和破坏将十分巨大。

② 城市基础设施发展很快，根据统计我国城市化水平每提高 1%，就会出现约 1500 万的新增城市人口，而相应基础设施配套需多投入约 1200 亿元。随着城市的发展，不但现有生命线系统规模会不断增大，而且城市轨道、磁悬浮、天然气系统等各种新型生命线系统不断涌现，相应的防灾问题也越来越复杂。

建设用地抗震防灾适宜性评价主要是依据影响城市规划建设的地震灾害对场地危害性影响，针对城市土地对建设条件要求的特点，进行适宜性分类评价。进行建设用地防灾适宜性评价不仅是城市土地规划和城市规划建设的基础，也是城市建设用地选址的关键环节[10]。在"5.12"汶川 8.0 级特大地震中，大量不符合土地利用防灾适宜性评价标准的建设用地都遭到了严重的破坏[11]，如图 1-2 为北川老城区因未能避开龙门山中央断裂带主断层映秀-北川断裂带建设，形成近 100m 宽的完全毁灭地带；图 1-3 为北川县老城区西面大部分建筑物被山体滑坡掩埋，造成了巨大的人员伤亡。

鉴于城市建设用地防灾适宜性评价对城市规划建设和土地利用的基础性作用，本书将针对建设用地防灾适宜性等级以及各影响因素危险性等级的评价方法展开系统的研究。

图 1-2 北川县城的地震断裂及损毁

图 1-3 滑坡摧毁房屋，加重地震灾害

1.3 抗震防灾适宜性评价研究

1.3.1 抗震防灾适宜性

土地适宜性是指一定的土地类型对某种特定用途的合适程度。土地的防灾适宜性评价是指评价土地对特定抗震防灾类型适宜性的过程，即按照指定用途的适宜程度，将特定地区的土地进行归类和评价，也称为抗震防灾适宜性[14]。事实上，土地会因为其不同的利用方式和利用程度在一定程度上存在多宜性特点。因此，只有结合特定的社会经济状况，确定最合适的投入与利用程度，才能使土地资源得到合理的利用，避免无序利用导致的生态环境破坏，减轻对整个社会经济与环境可持续发展的危害。

1.3.2　抗震防灾适宜性评价

1.3.2.1　抗震防灾适宜性评价概念

城市建设用地抗震防灾适宜性评价是指以城市特定区域内所有建设用地资源为研究对象，在调查分析城市自然环境、地质条件等因素的基础上，对用地的抗震能力、防灾措施和适宜性建设程度进行的全面综合评价的统称。它仍然属于土地适宜性评价的范畴，其主要技术路线是根据城市建设条件的需求，针对地震的危害性，对建设用地进行防灾适宜性分类评价。

1.3.2.2　抗震防灾适宜性评价原则

由于城市所处的地理位置不同，并且面临的灾害也存在差异，因此对于不同城市的建设用地抗震防灾适宜性评价，应以土地的可持续利用和城市的可持续发展为基础，根据当地土地的特点，综合分析各种影响因素之间的相互作用，因地制宜，并应遵循以下原则。

（1）适宜性和限制性相结合

在土地适宜性评价中，适宜性和限制性是两个对立的条件，有些因素会对土地利用起到适宜性作用，有些因素则会起到限制性作用，还有一些因素两者皆有。在进行土地防灾适宜性评价时，既要考虑土地对于工程建设的适宜程度，又要考虑各类灾害对城市建设所起的限制作用，并将两者紧密地结合起来，这是土地防灾适宜性的基本原则[15]。

（2）多宜性和主宜性相结合

城市中建设用地的类型和属性多种多样，许多土地具有多宜性，仅凭多宜性进行评价是远远不够的，对于限制性用地，还应当对其主宜性进行评定，从而更好地为工程建设和城市规划决策服务。

（3）综合分析和主导因素分析相结合

在土地的使用过程中，还会受到地震、洪涝等灾害的影响，不仅如此，各因素之间也时刻产生着相互作用，构成了城市土地的各种特性和功能，从而决定了土地的适宜性。因此，在土地的防灾适宜性评价过程中，应以遵循土地自身规律为基本原则，既要综合考虑各影响要素之间的相互作用，也不能忽视主导因素的作用。

（4）与城市建设用地的要求相结合

城市建设用地抗震防灾适宜性评价的目的是为科学合理地利用城市土地提供有效的依据。如何根据灾害和自然条件的影响，确定与之相适应的建设用地使用方式，尽量减少灾害带来的危害和经济损失，是防灾适宜性评价的重点。因此，防灾适宜性评价应以合理利用城市建设用地为前提。

（5）地域差异性原则

土地的地域差异性主要体现在因所处区域不同，土地的各种自身特性、社会因素、经济因素、面临的灾害类型以及利用效益方面都存在差异。防灾适宜性评价中应充分考虑土地的差异性，所建立的评价体系应该能够体现出不同区域城市土地的条件、特性和分布规律，所选取的评价指标也应能体现出研究区域的内部差异。

（6）持续可利用原则

土地的防灾适宜性是指土地在长期持续利用条件下的适宜性。土地的使用应奉行高效利用、资源节约、可持续利用的原则。城市规划建设也应当从可持续发展的需求出发，而防灾适宜性评价正是为这一要求提供理论依据。

通常，地震引发的场地破坏效应主要有地表破裂危险性、砂土液化、软土震陷、崩塌滑坡等灾害。此外，对城市建设用地防灾适宜性造成影响的还有场地类别和地震工程地质分区等地质因素，而建设用地抗震防灾适宜性评价的内容主要包括六种影响因素，如图 1-4 所示。

图 1-4　城市建设用地抗震防灾适宜性评价内容

这些因素对建设用地防灾适宜性的影响机制和方式都有所差别，并且对土地的防灾适宜性都具有限制性影响，如地表破裂带内属于危险场地，不许进行工程建设，崩塌滑坡危险区工程建设也应避开，Ⅳ类场地、严重液化场地等均为建设不利场地。由于不同因素的限制性程度不同，因此同一因素不同的危害程度对土地适宜性的限制也不尽相同。一般来说，各种因素危害程度由高到低，对应着对建设用地防灾适宜性产生不利影响到有利影响。

1.3.2.3 抗震防灾适宜性评价研究目的与意义

城市抗震防灾安全是城市居民生命财产和居民进行各种生活、生产活动的基本保障，人们对城市安全和防灾的要求日益强烈，而建设用地作为城市功能的载体，进行建设用地抗震防灾适宜性评价是城市抗震防灾规划的关键内容，也是城市综合防灾规划中土地利用防灾规划的重要环节[12]。地震灾害除了具有突发性、随机性等特点，还具有连锁性特点。地震灾害往往会以灾害链的形式在时间和空间尺度上被层层放大，引发火灾、海啸、山体滑坡、泥石流、毒气泄漏等，如图 1-5 所示。因此，建设用地的防灾适宜性评价不应仅仅局限于地震构造和发震机制的研究，还应对地形地貌、地质条件等因素进行综合分析。

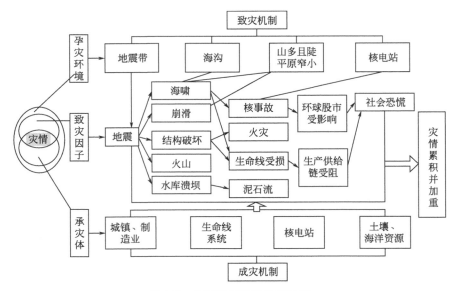

图 1-5 地震灾害引发的灾害链

随着城市化和经济水平的快速发展，社会各方面对土地资源的竞争日益激烈，而这种竞争必然会导致各种土地利用不合理现象的产生。我国正处于快速发展阶段，由于缺乏对土地合理利用的论证，加之建设用地的规模日益扩张，使得许多土地被盲目、无序的开发，这种现象不但造成了大量土地资源的浪费，破坏了土地的可持续利用，并且对生态环境也造成了极大的危害。

目前，许多国家在进行土地规划利用时，往往都会对土地资源进行考察、评价，从而为合理利用土地提供科学依据。近年来，我国在抗震防灾事业上做出了巨大的努力，也取得了瞩目的成绩。然而，随着城乡一体化的进程、经济的高度聚集以及地震环境的改变，土地防灾适宜性所面临的新问题也不断突显出来。因此，深入开展以城市规划与土地利用为中心的防灾适宜性研究，并根据地震灾害风险评价制定防震减灾对策，对指导城市规划和建设有重大的指导意义。本书的研究目的与意义主要如下。

（1）为城市建设用地的选择和布局提供决策依据

土地是人类生存和开展社会活动的载体，随着城市化进程的不断加快，城市建设用地使用中所面临的问题也日益增多。首先，可供使用的建设用地资源会越来越少；其次，土地资源自身的地理特性和生态特性都有所差异；此外，由于土地所处区域不同，其承受的地震及次生灾害种类和灾害程度也不尽相同，而这些条件都决定了建设用地在开发利用时存在着一定的限制性和约束性。因此，合理有效地选择和利用建设用地是目前的关键问题。科学地进行城市建设用地抗震防灾适宜性评价，可以为土地利用提供重要决策依据，以土地防灾适宜性等级划分为基础，将城市的发展方向和空间布局尽可能地规划在适宜或是较适宜的区域，并为工程建设和城市功能区划提供可靠依据，以最小的经济投入换取更优质的社会环境和更大的经济效果。在土地利用开发过程中，结合生态环境和经济发展情况，提高土地的使用效率，合理安排建设用地的空间布局，促进城市的可持续发展。

（2）有利于提高土地利用规划的科学性以及降低风险发生的损失

土地利用规划是土地管理科学中的重要内容，以土地资源的合理调配利用为核心，以获取综合利益为目的，根据土地的自身属性和特点、用地需求、社会经济条件，在时间和空间上对土地利用进行部署，土地利用规划的最终目的是提高土地利用的综合效益。此外，任何一种规划都具有一定的风险性，城市建设用地的抗震规划作为预测性工作也不例外，并且土地规划的风险性具有周期长、影响深的特点。对于土地利用规划风险性的重视程度不足，则有可能引发风险的发生。城市中每一块建设用地都应当在资料调查和各影响因素评价的基础上，对防灾适宜性做出评估，并在此基础上进行调整和布局，从而有效地降低和避免风险的发生。

（3）提高土地资源的优化配置

建设用地的抗震防灾适宜性是城市工程建设发展的重要制约因素之一，也是建设前期工作的主要内容。高层和超高层住宅群、高速公路、地铁以及其他生命线工程的快速兴建决定了场地抗震防灾适宜性评价是必要的过程。面临场地条件是否可以承受如此重的荷载、什么位置更适合修建何种建筑物等问题，如果相关的工程措施处理不当，会影响和破坏与地质环境的平衡和统一。所以应对场地的防灾适宜性做出正确的评价，掌握其规律性，并对工程建设提出科学的指导意见，合理的土地抗震防灾适宜性评价可以减少或避免地震灾害以及由其引发的各种次生灾害造成的影响。通过防灾适宜性评价，可以加强对土地资源的合理开发和充分提高土地资源的利用效率及优化配置，尽量避免人类活动与土地工程能力不相适应的现象，减少因地震灾害带来的经济损失，进而最大限度地促进工程建设与地质环境的协调发展，为城市、区域抗震防灾规划提供具有超前性和实用性的基础性资料。

1.4 国内外相关研究与发展趋势

1.4.1 活动断层引发的地表破裂危险性评价研究

地表破裂危险性评价是城市建设用地防灾适宜性评价中的重要组成部分。活动断层的突然错动会引发强烈地震，使基岩上部的覆盖土层发生运动、开裂，最终延伸至地表，形成地表破裂带。我国台湾集集地震、汶川地震，东日本大地震中都出现了大量的地表破裂现象。国内外的地震学家针对地震引发的上覆土层破裂以及地表永久变形问题开展了大量的探索研究，其目的在于了解地震引发地表破裂的机理，从而对地震造成的地面破坏进行预估，为工程建设的选址和相关法律法规的制定提供依据。目前，针对这方面的研究方法主要有：统计分析方法、试验模拟方法、理论与数值模拟方法三种。

（1）统计分析方法

在对以往地震震害资料的统计分析方面，研究者做了大量工作。Wells[52] 从过去 150 年内发生的 200 余次地震中选出了 69 个记录较为完善的案例进行了研究。对震级、断层破裂长度、地表平均位移、地表最大位移等参数进行了统计分析，总结出地表破裂主要受震级和断层错动方式的影响，以及地表破裂长度与断层破裂长度之间的关系趋势。

Bray 和 Seed[53] 对 1954 年 Dixie Valley-Fireview 地震、1959 年 Hebgan 地震和 1964 年阿拉斯加地震等多个地震产生的地表破裂现象进行了研究，并绘制出正断层和逆断层导致破裂在不同土质上覆土层中的延伸轨迹，如图 1-6 所示。

（2）试验模拟方法

在试验模拟研究方面，Lade 等[16] 分别选用松砂和密砂作为覆盖层，通过砂箱试验观察断层上部覆盖层的破坏形式，并指出地表破裂带的宽度和位置主要与断层错动量、断层错动方向、上覆土层厚度以及土体的膨胀角有关。Bray 等[17] 通过底板提起的方式模拟断层错动，覆盖层选取饱和黏性土，断层错动角度为 90°，将试验结果与有限元分析结果对比后得出：底板提起方式可以准确模拟出倾滑断层错动时上覆土层的破裂形式。Taniyama 等[18] 将砂箱模型中底板提起的方式改为向底板输入地震波，并模拟了逆断层错动角度为 45°时上覆土层的破裂过程。董津城[19] 采用 1∶150 的离心试验模型分别对覆盖层为黏土、砂土以及黏性土、砂卵交替土层 3 种情况下的破坏过程进行了模拟，并提出了上覆土层厚度的安全界限值。李小军等[20] 通过试验得出了地震地表破裂宽度受上覆土层厚度的影响，且覆土层越厚，破裂宽度越大的结论。刘守华等[21] 采用离心机试验进一步研究了上覆土层在基岩断裂后的破坏情况，试验中选取了 4 种不同的覆盖层土质，并对基岩垂直错动和水平滑动两种位错形式进行了模拟。

（3）理论与数值模拟方法

在理论与数值模拟方面，学者们主要是根据土的力学性质建立有限元数值分析模型，并结合试验结果进行对比研究。Scott 和 Schoustra[22] 首先通过二维平面应变有限元模型对逆断层基岩垂直错动时上覆土层的破坏

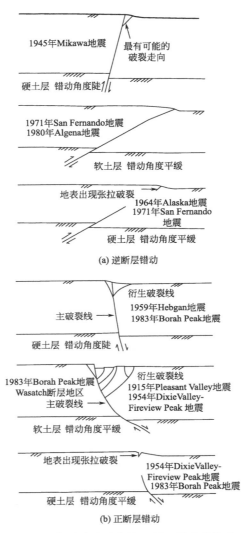

1945年Mikawa地震

最有可能的破裂走向

硬土层 错动角度陡

1971年San Fernando地震
1980年Algena地震

软土层 错动角度平缓

地表出现张拉破裂

1964年Alaska地震
1971年San Fernando地震

硬土层 错动角度平缓

(a) 逆断层错动

衍生破裂线

1959年Hebgan地震
1983年Borah Peak地震

主破裂线 →

硬土层 错动角度陡

1983年Borah Peak地震
Wasatch断层地区
主破裂线 →

衍生破裂线

1915年Pleasant Valley地震
1954年DixieValley-Fireview Peak 地震

软土层 错动角度平缓

地表出现张拉破裂

1954年DixieValley-Fireview Peak地震
1983年Borah Peak地震

硬土层 错动角度平缓

(b) 正断层错动

图 1-6　断层错动引发的上覆土层破裂轨迹

形态进行了数值模拟，在计算假设中，土体的本构关系选取 Von Mises 屈服准则，研究最终得出了在不同上覆土层深度处临界摩擦角与基岩错动量的关系。Ramancharla 等采用有限元方法对倾滑断层破裂时上覆土层的变化过程进行了静力计算分析。郭恩栋等通过有限元软件模拟了覆盖土层的破裂过程，得出了当基岩错动量相同时，逆断层对上覆土层破裂造成的影响最大的结论。台湾大学的林铭朗等[23] 针对断层错动对上覆土层和地下结构的影响，进行了等比例的缩尺模型试验研究，结合 ABAQUS 数值分析发现，两种方法所得到的塑性变形带的位置和发展顺序基本一致。

1.4.2 砂土液化判别研究

对地震砂土液化全面深入的研究最早开始于美国和日本两个国家。Seed 等[24] 将地震作用下的土层运动简化为一维剪切运动，并在此基础上得出了土体的地震剪应力，同时结合动三轴试验结果，首次给出了初始液化的定义并提出了简化的地震砂土液化判别方法。随后，Seed 和 Idriss[25] 又通过标准贯入击数与抗液化应力相对应的方式对简化判别方法进行了改进，使其更加实用。Juang 等[26] 利用以往研究中得到的可靠指标计算方法，结合贝叶斯理论得出了液化概率的计算公式，并将计算所得概率曲线与理论曲线进行了对比。Fardis 等[27] 则提出了在孔隙水扩散效应影响下的液化概率模型。Youd 等[28] 对 Seed 简化方法进行了进一步的改进和完善，不但对低地震应力比区域的抗震液化强度进行了调整，还给出了有效应力、钻孔孔径、细粒含量等影响因素对标准贯入击数的相应修正系数。

在我国，黄文熙最早于 20 世纪 60 年代提出了采用动三轴试验来判别砂土液化的方法。汪闻韶[29] 在此基础上，更加系统深入地对孔隙水压力与砂土特性、应力状态之间的关系进行了研究，并指出了初始剪应力对液化程度有很大的影响作用。谢君斐[30] 在总结唐山地震以及国外地震液化资料的基础上，建立了以标准贯击数为主的液化判别公式，并对地下水位系数和砂土层埋深系数进行了修正，此种方法第一次提出液化判别的思想，也被纳入了《建筑抗震设计规范》。张荣祥等[31] 基于双桥静力触探阻力 q_c 和平均粒径 D_{50} 建立了砂土液化判别经验公式。

通过对液化判别方法的总结可以看出，目前对于地震砂土液化判别方法的研究主要集中在两个方面：一方面是对确定性判别方法的不断修正，主要体现在随着地震液化资料的更新、完善，对液化判别公式中的参数或相关系数进行更为合理的调整；另一方面则是发展新的不确定性方法，主要表现在研究者们试图通过概率模型或其他数学方法得出发生液化的概率。目前在实际工程中常用的地震液化判别方法主要有标准贯入击数临界值判别法、抗液化剪应力法、动力反应分析法和专家系统分析法等。以下对几种常用方法的原理及优缺点进行简单的评析。

（1）标准贯入击数临界值判别法

标准贯入击数临界值判别法又称为规范法。在我国《建筑抗震设计规范》(GB 50011—2010)中，砂土液化判别分为初步判别和详细判别两个阶段。

对于饱和砂土和饱和粉土（不含黄土），当地质条件、地下水位深度、土质等因素满足一定要求时，可以判别为不液化或可不考虑液化的影响。当饱和砂土、粉土经初步判别后被认为需要进做一步液化判别时，应采用标准贯入试验对地面下 20m（15m）范围内的土层进行液化判别。在地下 20m 深度范围内，液化判别标准贯入锤击数临界值 N_{cr} 可按式(1-1)计算。

$$N_{cr} = N_0 \beta \left[\ln(0.6d_s + 1.5) - 0.1d_w \right] \sqrt{3/\rho_c} \tag{1-1}$$

式中　N_0——液化判别标准贯入锤击数基准值；

　　　d_s——饱和土标准贯入点深度；

　　　d_w——地下水位；

　　　ρ_c——黏粒含量百分率；

　　　β——调整系数。

当标准贯入锤击数 $N > N_{cr}$ 时，判别为非液化土；当 $N \leqslant N_{cr}$ 时，判别为液化土。

对于已经判定为液化的土层，还应按式(1-2)计算液化指数。

$$I_{lE} = \sum_{i=1}^{n} \left[1 - \frac{N_i}{N_{cri}} \right] d_i W_i \tag{1-2}$$

式中　N_i、N_{cri}——i 点标准贯入锤击数的实测值和临界值；

　　　d_i——i 点所在的土层厚度；

　　　W_i——i 土层单位土层厚度的层位影响权函数值。

规范法具有较强的实用性并且应用广泛，但也存在着一些不足之处：

① 由于该方法中的判别公式是根据大量的样本数据通过回归分析得出的，属于统计经验公式，因此，这种方法受人为因素影响较大，自适应能力较差；

② 该方法只考虑了单个或多个因素对液化判别的单独影响，而没有考虑在不同条件下，多因素对液化判别产生的综合影响。

（2）抗液化剪应力法

抗液化剪应力法又被称为 Seed-Indriss 简化判别法，是最早提出的一个场地液化判别方法。这种方法的实质是将地震作用下砂土产生剪应力与砂土的抗液化剪应力进行对比。由于地震波的产生和传播都是不规则的过程，每一时刻的加速度都会发生变化，因此，在地震作用下产生的砂土剪应力也会呈现出不断变化和不规则的特征。所以为了便于比较，需要将地震剪应力的最大幅值转化为具有一定循环次数的等效剪应力 τ_{av}。

若将土体视为刚体，当地面最大加速度为 α_{max} 时，地下某一深度处由地震动产生的最大剪应力为：

$$\tau_{av} = \frac{0.65\alpha_{max}\gamma h\gamma_d}{g} \tag{1-3}$$

式中 α_{max}——地面最大加速度；

γ——上部土体的平均重度；

h——土层厚度；

γ_d——折减系数；

g——重力加速度。

而砂土液化所需要的剪应力大小为：

$$\tau_d = \left(\frac{\Delta\sigma_1}{2\sigma_3}\right)_{50} \cdot C_r \cdot \frac{D_r}{50} \cdot \sum_{i=1}^{n}\gamma'_i h_i \tag{1-4}$$

式中 $\left(\dfrac{\Delta\sigma_1}{2\sigma_3}\right)_{50}$——相对密度为 50% 时，由三轴试验测得的液化应力比；

C_r——试验所得数据与现场液化剪应力比的修正系数；

$D_r/50$——砂土相对密度的归一化结果；

γ'_i——第 i 层土的浮重度；

h_i——第 i 层土的厚度。

最后，将 τ_{av} 与 τ_d 进行比较，当 $\tau_{av} \geqslant \tau_d$ 时，判别为液化土；当 $\tau_{av} < \tau_d$ 时，判别为非液化土。

抗液化剪应力法在进行液化判别时考虑了多个因素，并且对地震强度进行了量化处理，此种方法具有简单易行的特点，但同时也存在着一定的问题：

① 液化数据资料陈旧，此方法是通过对 1984 年之前的地震液化资料分析研究得出的，因此，这种方法只对条件与数据资料相同或相似的场地有较好的适用性，其应用的普遍性受到一定的影响；

② 在动力分析中，各动力参数都是通过一定的破坏准则得出的，但是对于标准的选取却具有较大的任意性，并且试验所测数据只是与土体的静应力有关，没有与动应力之间建立起联系。

（3）动力反应分析法

动力反应分析法是一种基于严格的数学与力学理论推导得出的液化评

价方法。该方法对地震动条件、地形地质条件、边界条件以及液化发生发展过程等多种因素进行了综合考虑，但由于此种方法计算过于复杂，判别中需要大量的土体特性参数，因此只能应用于少量的需要严格控制的重大工程中，不具有普遍适用性。

　　（4）专家系统分析法

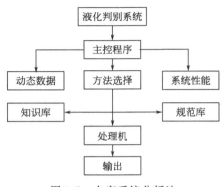

图 1-7　专家系统分析法

　　在基于模糊理论的砂土液化判别方法中，专家系统打分法是发展迅速并且应用较多的一种方法，这种方法可以通过动态数据库、计算程序将各方面的因素信息系统化、条理化，见图 1-7。在判别过程中，首先应确定砂土液化中的影响因素，然后通过专家打分法给各影响因素的权重赋值，最后将权重值与各影响因素的实际值进行模糊合成，从而得到砂土液化对应于各个等级的隶属度，最终确定液化等级。但是，由于此种方法在判别过程中需要对各影响因素进行赋权，因此在权值选择时必然会存在一定的主观性和随意性，这将会导致评价结果的失真，并且在赋权值不同的情况下还会出现结果相差较大的现象。

1.4.3　软土震陷判别研究

　　从 20 世纪 60 年代末开始，地震软土震陷问题的研究方法逐步由震害调查、理论分析转向为试验研究、理论与解析分析相结合的方式。许多学者都通过振动台试验对震陷的机理进行了研究，但由于不均匀震陷的作用机理十分复杂，因此，目前大部分研究还是以平均意义上的均匀震陷为主。

　　Seed 等[32] 对不同种类的黏土进行了试验研究，其结果表明，土体的孔隙水压力会在动应力的反复作用下逐渐升高，而抗剪强度和刚度会随之减小，并且土体会出现明显的软化现象。Thiers 等[33] 通过黏土动三轴试验，不但对土的应力-应变特性进行分析，而且对施加动应变前后的静模量进行了对比。对比结果表明，动应变施加之后的静模量总是小于施加之前，并且静模量减小量会随动应变幅值的增大而增大。石兆吉等[34] 指出在室内试验中，动应力与最大静主应力是同向的，而在实际计算中，由动力有限元分析得出的动应力与通过静力有限元得出的最大静应力往往是不同的，这种情况下产生的误差应通过引入修正系数的方法进行补偿。李兰[35]通过动三轴试验对我国西北地区软土的震陷特性进行了研究，试验中采用了等效于地震作用的正弦循环荷载，并选取动应力、孔隙比、土的级配、含水量等作为变化参数，最终得出了烈度为 7、8、9 度时分别对应的震陷量。于洪治等[36]通过震陷试验和软化试验对惯性效应应变和土体软化效应应变进行了区分，得出了震陷是由惯性和土体软化两种效应共同作用的结果。孟上九等[37,38]针对软土的不均匀震陷做出了系统全面的研究，并提出了软黏土地基不均匀沉降的计算方法。作者阐述了软黏土不均匀震陷的作用机理，同时还通过有限元分析方法对建筑物地基的震陷进行模拟，并与试验实测结果进行对比分析。陈青生等[39]提出了基于 R-N 非线性疲劳损伤累积模型的震陷计算方法，研究结果表明 R-N 模型能够同时考虑荷载幅值和应力历史的影响。

在软土震陷判别方面，目前，我国规范中对软土震陷的判别有以下规定[40]。

《岩土工程勘察规范》（GB 50021—2001）中规定："抗震设防烈度等于或大于 7 度的厚层软土分布区，宜判别软土震陷的可能性和估算震陷量。"并根据唐山地震的震害经验提出，当承载力特征值和等效剪切波速大于表 1-2 中的数值时，可以不考虑软土震陷的影响。

表 1-2　承载力特征值或等效剪切波速

抗震设防烈度	7 度	8 度	9 度
承载力特征值 f_a/kPa	＞80	＞100	＞120
等效剪切波速 v_{se}/(m/s)	＞90	＞140	＞200

《建筑抗震设计规范》（GB 50011—2010）中对软土震陷的判别方法给出了明确规定：地基中软弱黏性土层的震陷判别，可采用下列方法。饱和粉质黏土震陷的危害性和抗震陷措施应根据沉降和横向变形大小等因素综合研究确定，8 度（0.3g）和 9 度时，塑性指数小于 15 且符合下式规定的饱和粉质黏土可判为震陷性软土。

$$W_s \geqslant 0.9W_L；I_L \geqslant 0.75$$

式中　W_s——天然含水量；

　　　W_L——液限含水量；

I_L——液性指数。

《软土地区工程地质勘察规范》(JGJ 83—1991) 中规定：场区的基本烈度为 7 度或大于 7 度时，对于采用天然地基的建筑物，符合下列条件时应对其地震震陷进行分析计算：a. 一级建筑物和对沉降有严格要求的二级建筑物应进行专门的震陷分析计算；b. 对沉降无特殊要求的二级建筑物和对沉降敏感的三级建筑物当无条件进行专门的分析计算时，可采用表 1-3 的参考值或根据地区经验确定。

表 1-3　二、三级建筑物地震震陷估算参考值　　单位：mm

厚度/承载力	基本烈度		
	7 度	8 度	9 度
地基主要受力层深度内软土厚度>3m 地基承载力标准值≤70kPa	≤80	150	>120

当软土被判别为有可能发生震陷时，应对震陷量进行估算，目前常用的方法有软化模量法和等效结点法。

（1）软化模量法

在地震作用下，土地的静模量有所降低，但地震时所产生的动应力对于土体的影响不大，土体的附加沉降变形是由静力作用下土体静模量减小而产生的，其模型为：

$$K_{ip} = \frac{1}{\dfrac{1}{K_i} + \dfrac{1}{K_p}} \qquad (1\text{-}5)$$

式中　K_{ip}——土的总刚度；

K_i，K_p——刚度。

地震作用前，K_p 远大于 K_i，故 $K_{ip} = K_i$，在地震作用下，K_i 保持不变，K_p 则随着振动次数的增加而降低，因此土体的整体刚度也在不断降低。根据此模型，软土震陷计算过程可简化为分别用地震前后的土体静模量进行两次有限元静力分析，两次分析的位移差值即为软土的震陷量。

（2）等效结点法

等效结点法是将土体在动荷载作用下产生的变形与孔压消散后产生的再固结变形相叠加，从而得到土体的最终震陷量。土体在等效结点力的作用下会发生永久变形，将土体的永久应变势 ε_p 作为初始应变，通过选取合适的模量，将其转化为初始应力和等效结点荷载，再通过有限元分析得到循环荷载作用下土体的永久变形。对于孔隙水压力产生的变形采取同样的方法。将各单元土体在剪应力作用下增长的孔隙水压力作为初始应力值，再计算出孔隙水压力消散后土体的永久变形，最后将两种变形相叠加得到土体的震陷量。

1.4.4　崩塌滑坡危险性评价研究

国际上对于地震崩塌滑坡灾害的研究发展可以分为萌芽阶段，起步阶段和飞速发展阶段三个阶段。

（1）萌芽阶段（1975 年之前）

这个时期的大部分地震崩滑研究主要为各国的重大工程服务，研究相对较少。

（2）起步阶段（1975～1987 年）

1975～1987 年，地震崩滑研究产生了一次飞跃。期间，Aleotti 等[41]提出了主要靠专家个人经验和知识为主的启发式评价方法，并得到了广泛应用。Carrara 等[42] 将启发式评价方法又细化分为综合因素分析法和野外地形调查分析法。著名滑坡专家 Varnes[43] 提出了遥感技术应当作为区域滑坡灾害调查识别中最重要的技术手段，并逐渐将遥感技术应用到各类地质灾害的调查、识别、分析和评估当中。Cotecchia 等[44] 利用航片对意大利 Calabria 地区的地震滑坡进行了检测。Rupke 等[45] 利用 GIS 软件通过加权叠加的方式将多个评价指标图层组合在一起，并由专家进行综合分析，从而使综合因素评价法得到了进一步发展。

（3）飞速发展阶段（20 世纪 90 年代起）

从 20 世纪 90 年代开始，地震地质灾害研究进入了飞速发展阶段。国外很多学者利用 GIS 空间数据分析、可视化等功能，通过选取断裂构造、地质地貌、水文条件、气候气象等影响因子，并结合 DEM 模型和统计模型对崩塌滑坡灾害的易发性、危险性进行了探索研究。Martin 等[46] 提出了滑坡易发性指数的概念，这也是斜坡稳定性分区方面的最初指导性结论。21 世纪以来，在继承以往研究的基础上，诸多学者对崩塌滑坡灾害的特征、易损性以及风险评价与管理进行了更深入的研究。Fansto Giizzetti 等[47] 通过对意大利中部滑坡面积的研究，分析了地质灾害的自组织临界性，2009 年又通过以往对于滑坡与体积的幂律相关性总结，结合意大利 Umbria 地区的滑坡参数，再次论证了滑坡面积与体积之间的幂律相依性。

我国对于地震崩塌滑坡的研究起步也比较早。20 世纪 80 年代初期，中国科学院成都地理研究所对雅砻江二滩水电站进行了滑坡危险性分段研究，研究中选取地形、坡度、滑坡密度三种因素。张业成[48] 以灾害危险度为指标，对中国地质灾害危险度的分布特征进行了评价。殷坤龙等[49] 采用统计学方法对降雨、地形条件、滑坡密度分布等影响滑坡稳定性的相关因素进行了赋值，并通过数理统计分析建立了回归模型。刘玉恒等[50] 通过蒙特卡罗算法对地震滑坡灾害的风险进行了计算。朱良峰等[51] 开发了基于 GIS 平台的区域地质灾害风险分析系统，并对全国范围内的地震滑坡灾害进行了危险性分析和风险评价。

1.4.5　土地防灾适宜性评价研究

通过对以往土地适宜性评价的研究总结可以看出，土地适宜性评价主要有经验法、不确定性理论和智能计算理论以及基于 GIS 技术平台的综合评价等方法。

（1）经验法

经验法主要用于对各影响因素权重的确定，通常根据调查资料的统计或专家的实际经验，经分析后确定各评价指标的权重。岳健等[54] 根据专家的实际经验，提出了确定影响因子权重的方法，并对权重进行调试，该方法通过控制样本的方式对权重进行多次的检验、比较和调试，最终选择出影响较为明显的评价因子进行权重分配，该研究分析了各影响因子对土地适宜性评价的贡献差异性，并得出了评价因子的贡献越大，其分配的权重也会越大的结论。

（2）不确定性理论和智能计算理论

目前，越来越多的不确定性理论与智能计算方法已应用到土地适宜性评级中，其中包括层次分析法、人工神经网络法、遗传算法、支持向量机理论、投影寻踪理论等。Sui[55] 采用神经网络方法对土地的适宜性进行了评析，并将评价结果与传统制图模型技术所得结果进行对比，分析了神经网络方法在该领域中的应用优势。胡月明等[56] 利用神经网络法建立了土地模糊评价规则，并在此基础上通过对大量的样本数据训练得出了适宜性分级标准。焦利民等[57] 采用 BP 神经网络对琼海市的土地适宜性进行了评价，最终得出了智能分级规则。Malczewski[58] 运用有序加权平均法对墨西哥某地区的土地进行了适宜性评价，研究中所使用的加权平均法带有 all、most、half、at least a few 等模糊量词，并根据这些模糊量词得出不同的评价结果，以供决策人员在不同情况下进行参考。Hossain 等[59] 通过层次分析法对孟加拉国某养殖基地的土地进行了适宜性分类，研究中共选取了水温、pH 值、土壤质地、地形高程、坡度、土地利用、人口密度等 18 个因素建立了指标图层，评价得出了土地质量、地形因素等影响因素的适宜性专题图，并根据层次分析法对各指标图层进行权重赋值，最终生成了土地适宜性潜力总体图层。Brook 和 Manson 等[60,61] 采用遗传算法进行土地适宜性评价，并得出该算法可以提高评价效率的结论。Stewart 和 Ponjavic 等[62,63] 将遗传算法模型分别运用到荷兰和南斯拉夫图兹拉州的土地适宜性评价中，并在此过程中解决了空间规划中非线性组合的优化问题。周江红[64] 采用投影寻踪模型，通过寻求最优投影方向对黑龙江省东大沟小流域进行了土地适宜性评价。

（3）GIS 技术的应用

GIS 是一种以地理空间数据为基础，在计算机软硬件支持下，能够创建、操作和分析地理信息并实现可视化的计算机技术。由于 GIS 可以完成对土地利用、人口、气候、土壤等数据源的空间集成，并且可以进行土地适宜性制图和分析，因此 GIS 技术在土地适宜性评价中的应用也尤为广泛。Joerin 等[65] 将 GIS 模型与多准则位阶排序分析的组合方法应用到了瑞士一小区域的居住用地适宜性评价中，并将该方法取名为 ELEC-TRE-TRI。Aly 等[66] 应用 GIS 技术，根据埃及的城市发展状况，对尼罗河东岸地区进行了适宜性分析，研究中将土地适宜性分为 4 个等级，并将地表层、断裂密度、地形坡度与城市建设相结合绘制出了适宜性分区图。Mc Harg 建立了基于 GIS 的 LSEM（land suitability evaluation model）的土地适宜性评价模型，并根据评分高低确定土地对于某种用途的适宜性。陈雯等[67] 通过 GIS 系统与人工智能相结合的方法对苏州地区土地利用进行了适宜性分区。陈松林[68] 以 ARCINFO 软件为平台，做出了土地适宜性评价，为土地资源的合理利用提供了科学依据。

在城市建设用地抗震防灾适宜性的方面，目前国内外的相关研究成果还比较少。Alparslan 等[69] 采用 GIS 技术对土耳其 Bolu 省进行了居住用地抗震适宜性评估，研究中将不同影响因素图层相叠加，最终结合土地利用图和地震发生图划分出了震后人群撤离的理想区域。马东辉等[70] 针对土地防灾利用适宜性中限定性因素的问题，提出了层次分析逆序法，并将评价结果与传统的 AHP 法进行了对比。王威等[71] 针对土地利用防灾适宜性的特点，提出了以生态位理论为基础的评价体系。梁师俊等[72] 采用层次分析法对场地适宜性进行了定量分析，对杭州市萧山区进行了用地抗震适宜性分区。此外，北京工业大学防灾中心和中国海洋大学现代管理信息化实验室在编制厦门、泉州、东营等地的城市抗震防灾规划中也从抗震防灾的角度对土地的适宜性进行了评价。

1.5　存在的问题

从国内外对于建设用地抗震防灾适宜性评价的相关研究成果可以看出，虽然针对地震灾害适宜性的研究数量较少，但随着现代科学技术的发展，城市建设用地防灾适宜性评价已吸收了地质学、系统科学以及计算机技术的新理论，评价技术与方法也趋于多样化，使得评价的质量和精度都有了较大的提高，但仍存在着诸多不足。

① 以往的评价研究大多以定性分析为主，量化程度不够，由于城市建设用地防灾适宜性的影响因素较多，并且各影响因素对最终评价结果的贡献值也存在着差异，因此，单纯的定性分析所得出的结论和数据资源在质量和精度上都难以有效地服务于城市规划和工程建设。

② 评价体系参差不齐。由于我国地域广阔，各地区之间在自然条件、经济水平、技术条件等方面差异较大，因此，不论是评价指标体系的构建、数据标准值的选取，还是评价结果的输出都缺乏统一的参考标准。目前建设用地抗震防灾适宜性的评价方法中，有的侧重于社会经济属性，有的过多地考虑自然环境因素的影响，但综合考虑工程地质条件并将其纳入评价体系的方法较少。

③ 在建设用地防灾适宜性评价技术中，不论是采用粗糙集理论、灰色理论等不确定性理论，还是采用遗传算法、支持向量机等非线性理论，

所有的研究都以单一的评价模型为理论基础，但是，由于防灾适宜性评价系统的特征和各影响因素之间内部联系的复杂性，单一的评价模型不能完整真实地反映出适宜性系统整体的特征和变化过程，评价结果也无法准确反映出土地的抗震防灾适应性。

④ 评价研究和评价结果的应用较少。由于我国是分灾种、分部门的灾害管理体制，而且很多基础资料和相关数据难以获取，因此针对地震和地质灾害的防灾适宜性评价研究较少，已有的评价研究结果大多数也只是以简单的文字描述和图表展现出来，缺乏系统的分析研究。此外，虽然建设用地的防灾适宜性评价结果可以作为规划辅助决策强有力的支持依据，但是当前研究中对于适宜性评价结果与规划的关系的讨论很少，适宜性评价体系中缺少相关的应用环节，为数不多的研究结果无法很好地与城市规划和工程建设需求相衔接。

1.6　研究内容与研究思路

1.6.1　研究内容

本书从土地适宜性研究的基本理论出发，结合国内外土地抗震防灾适宜性评价的先进理念与经验，在总结和分析相关研究成果的基础上，选取地表破裂危险性、砂土液化、软土震陷、崩塌滑坡、地震工程分区、场地类别6个因素建立了城市建设用地抗震防灾适宜性评价体系。针对单一评价模型无法从空间尺度上准确真实地反映抗震防灾适宜性变化情况的问题，本书对地表破裂、砂土液化、软土震陷、崩塌滑坡4种因素的危险性及最终的建设用地抗震防灾适宜性，均采用了基于两种或多种的复杂性理论的耦合评价方法。根据研究目标和研究思路，形成了本书的研究内容，分为以下章节。

第1章为概述。主要阐述了城市建设用地抗震防灾适宜性评价的研究背景、研究意义与目的，对国内外相关领域的研究现状与趋势进行总结，并分析目前防灾适应评价的特点和不足之处，介绍全书的研究内容与研究思路。

第2章为基于信息扩散和概率分析的强震地表破裂危险性研究。在总结断层错动引发地表破裂分布特点的基础上，从强震地表破裂对场地适宜性的影响出发，通过信息扩散原理对强震地表破裂宽度进行预测，并建立了估计地表破裂宽度发生概率的简化模型，提出了在地表破裂距离危险等级和地表破裂概率共同影响下的场地地表破裂危险性评价模型。

第3章为地震砂土液化判别灰色关联-逐步分析耦合模型研究。总结了不同研究者们提出的各类砂土液化定义和物理机制，根据液化震害资料和室内外试验对影响砂土液化因素进行了分析。提出了以模糊数学为基础的单一评价方法存在的赋权随意性、计算结果不稳定等问题，针对液化判别中存在的问题，根据砂土液化实测震害资料，通过分析基础模型的优缺点，设计了以分析灰色关联方法和逐步判别方法为基础的耦合式判别模型。

第4章为区域软土震陷评估的条件广义方差极小-盲数耦合分析研究。结合建设用地抗震适宜性评价的需求，提出了区域软土地基震陷危险等级评估的观点。提出了以条件广义方差极小法和盲数理论作为基础模型的耦合评估思路，设计和建立了基于少量参数的耦合式软土地基震陷评估模型。首先，通过条件广义方差极小法，筛选出影响软土地基震陷的关键因素；其次，采用完全二次项回归方法拟合出各关键影响因素与震陷量之间的计算关系；最后，应用盲数理论将区域震陷评估标准中可能出现的各种情况用可信度表示，并计算其特征等级值，实现单体建筑震陷预测与区域震陷评价的衔接。

第5章为地震崩塌滑坡危险性离差最大化-可变模糊集评价研究。对大量崩塌滑坡资料在数量和规模方面进行分析，总结归纳出了我国地震崩塌滑坡的分布特点。综合考虑崩塌滑坡危险性评价中各因素的影响，确定了各指标标准等级分级值，建立了评价指标体系。采用离差最大化方法和层次分析法得到各影响因素权重，并将可变模糊集理论应用于地震崩塌危险性评价中。最后，对耦合评价模型进行了实例研究，并与未确知测度理论计算结果进行比较。

第6章为建设用地防灾适宜性变权集对分析-Vague集耦合评价体系研究。针对影响土地抗震防灾适宜性因素的多样性、复杂性、非线性和非确定性特征，构建了以集对分析和Vague集理论为基础的耦合式防灾适宜性评价体系，在评价体系中引入了变权模型，建立了以地表破裂危险性、砂土液化、软土震陷、崩塌滑坡、地震工程地质分区、场地类别为主要影响因素的防灾适宜性评价指标体系，并给出了城镇建设用地防灾适宜性评价的分级标准。

第7章为镇江市建设用地抗震防灾适宜性研究。以镇江市为例进行了城市建设用地防灾适宜性评价，依靠 GIS 技术，采用 MapInfo 软件平台将耦合评价模型运用到防灾适宜性的定量评价中，绘制了镇江市建设用地防灾适宜性分区图；将评价结果与城市规划相结合，并对镇江市的规划建设提出了建议对策。

1.6.2 研究思路

本书提出了城市建设用地抗震防灾适宜性评价体系的基本理论框架，建立了相应研究点的概念与数学模型，运用计算模拟和案例分析进行验证。研究技术路线如图 1-8 所示。

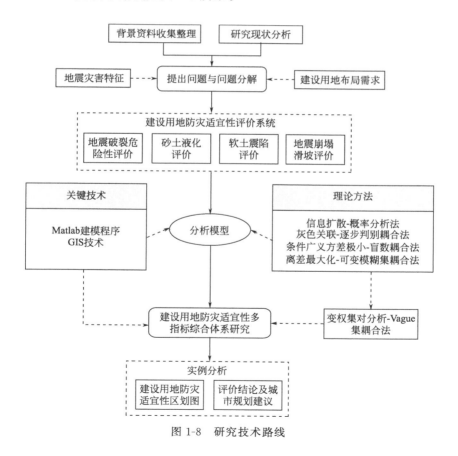

图 1-8 研究技术路线

第 2 章

基于信息扩散和概率分析的
强震地表破裂危险性研究

2.1　引言

　　场地的抗震防灾适宜性与诸多因素有关，地震断层是其中一个重要的影响因素，工程场地是否处于断层错动引发地表破裂带内以及距离破裂带的远近都会对场地的防灾适宜性分级产生决定性作用。因此，活动断层错动引发的地表破裂危险性评价应是城市建设用地防灾适宜性评价的基础条件之一。

　　活动断层又称为活动断裂，目前对于活动断层的定义，学术界尚无统一的标准。一般认为，活动断层是指目前仍在活动的断层，或者是晚更新世（距今 10 万～15 万年）以来有过活动，并且极有可能在未来一定时期内再次活动的断层。我国是一个地震活动断层分布广泛的国家，在人口超过百万的大城市中，有近 2/3 都位于地震高危险区。从以往的研究中发现，强震区和强变形带的分布主要受到区域性断裂的控制。当这些区域性断裂发生地震时，通常会引发基岩和覆盖层交界面的破裂并且向上延伸扩展，当基岩错动量继续增加并超过一定限值后，覆盖土层将发生贯通破裂，并在地表形成一定宽度的破裂（大变形）区域，即地表破裂带，或称为强形变带[73]。

　　大量震害现象表明，强震断裂引发的工程场地地表破裂会对其上的建（构）筑物造成致命的破坏。2008 年汶川 8.0 级地震中，沿地表破裂带两侧的建筑物破坏最为严重。在极震区，凡是跨越地震断层的房屋、道路、桥梁以及其他构筑物，几乎全部都发生了倾覆或毁坏。在北川城区内，地震断层造成了近 50m 宽的强变形带，在强变形带中，震害现象极其严重。除此之外，前山断裂在小鱼洞地区也形成了近 30m 的完全毁灭带。在地震引发的地表破裂中，白鹿中学和八角庙军队招待所两处的破坏现象最为明显，如图 2-1 所示。其中，白鹿中学处的地表破裂带宽度为 26m，虽然破裂带两侧的教学楼仅受到轻微损坏，但位于破裂带中的建筑物已完全毁坏。地表破裂从八角庙军队招待所院内穿过，院内地面被抬高了 4.5m，地表破裂带宽度为 25.5m，但在 30m 宽度内的建筑物完全倒塌[74,75]。

　　由于地表破裂对建筑会造成巨大的损害，并且，目前的抗震措施还难以阻止和抵抗这种直接破坏。因此对强震地表破裂带进行合理避让一直是

(a) 白鹿中学　　　　　　　　　　　　　　(b) 八角庙军队招待所

图 2-1　汶川地震引发的地表破裂现象

国内外工程抗震的一项强制性措施。尽管随着避让距离的增大遭受破坏风险会降低，但由于城市建设用地的稀缺性，往往引起安全和效益的失衡，反而使得城市规划建设中避让措施实施的难度增大。因此，准确预测和评定地震发生后地表破裂带宽度对城市建设用地的防灾适宜性评价以及工程建设场地的选择将有重要的指导意义。

目前关于强震地表破裂宽度的研究，大多还是以宏观判定和经验判定方法为主。有些研究者提出了以概率评价为基础的研究方法，但由于实际震害数据的缺乏，研究基本上只能停留在初级阶段，无法指导工程实践。而试验和数值模拟研究中，由于发震断层上覆土层的破裂过程十分复杂。大多试验和数值模型只对较简单的情况进行了模拟，或只针对某一影响因素的变化引发的结果改变进行对比分析，研究的数量有限，没有得到适用性好的预测方法，并且试验条件的不稳定性以及数值分析中边界条件的不确定性都会对研究结果产生一定的影响。除此之外，在场地地表破裂危险性评价方面，目前几乎还没有相关的研究。为了解决这一问题，本书试图从城市规划与建设的角度，在同时考虑地表破裂宽度和地表破裂发生概率的基础上，提出了信息扩散理论和概率统计分析相结合的场地地表破裂危险性的综合评价方法，以满足城镇土地利用中地表破裂的评价要求，研究思路如图 2-2 所示。

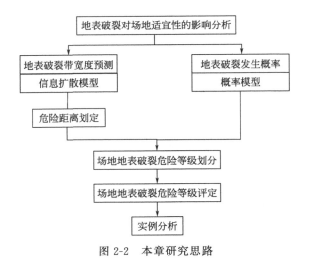

图 2-2　本章研究思路

2.2　地表破裂危险距离分级研究

通过以往的震害调查可知，地表破裂主要有平行、雁列、共轭以及其他不规则的形式。断层错动引发的地表破裂主要分为两类：第一类是构造性地表破裂，这种破裂是由发震断层错动引起，上覆土层贯通破裂直接传递到地表而形成。这类破裂的特点是走向和分布都受发震断层的影响，且往往规模较大，破裂宽度一般从几米到几十米，破裂长度最大可达数百米，这种地表破裂的危害性很大，工程建筑无法抵挡；第二类地表破裂是非构造性地表破裂，这种破裂的表现形式多以零散的小型地表裂缝为主，裂缝从地表产生，向下延伸，并无贯通，这类地表破裂主要是由土层震动效应导致，大多发生在有松散覆盖土层的地区，其破坏效应比构造性地表裂缝要小得多。鉴于破坏力的不同，目前工程中只考虑构造性地表破裂的影响，本章研究中所提到的地表破裂带，也不包括非构造性地表破裂。

2.2.1　断层避让距离的相关规定

2003 年，基于保护公众以及合理规划利用土地的目的，美国犹他州盐湖自然资源部通过了《犹他州断层地表破裂危害性评价指南》（IBC）。

该指南中对断层鉴别、定位，场地避让，建（构）筑物的基础加固等都给出了详细的说明。表 2-1 为指南中给出的各类建筑避让距离和风险系数。

表 2-1　犹他州 IBC 规范中各类建筑避让距离和风险系数

IBC 规范居住建筑分类	分类说明	活动断层分类给出			C^3	U^3	避让距离/m
		H	LQ	Q			
A	公众集中场所（Assembly）	R	P	O	2	2.5	7.5
B	商业区（Business）	R	P	O	3	2.0	6
E	教育场所（Educational）	R	R	R^2	1	3.0	15
F	产业/工业区（Factory/industrial）	R	P	O	3	2.0	6
H	高风险区（High hazard）	R	R	R^2	1	3.0	15
I	公共团体（Institutional）	R	R	R^2	1	3.0	15
M	商贸区（Mercantile）	R	P	O	3	3.0	6
R	除 R-3 的住宅区（Residential）	R	P	O	3	2.0	6
R-3	小于 10 个单元住宅区（Residential-3）	R	P	O	4	1.5	4.5
S	仓库（Storage）	O	O	O	—		—
U	附属设施（Utility and misc）	O	O	O	—		—

注：1. H 为全新世活动断层，LQ 为晚第四纪断层，Q 为第四纪断层；R 为推荐需避让，P 为基于风险评价而谨慎考虑，O 为可选。

2. R^2 表示研究推荐，即给出基于风险评价的推荐避让距离或减灾措施。

3. C 为危险因子，和风险系数 U 成反比。

我国《建筑抗震设计规范》（GB 50011—2010）中规定，对于应避开主断裂带的建筑物，应按表 2-2 确定最小避让距离。

表 2-2　地震断裂的最小避让距离

烈度	建筑抗震设防类别			
	甲	乙	丙	丁
8	专门研究	200m	100m	—
9	专门研究	400m	200m	—

《岩土工程勘察规范》（GB 50021—2001）中给出了"对于强烈全新活动断裂，设防烈度 9 度时宜避开断裂带约 3000m，设防烈度 8 度时宜避开 1000～2000m，并宜选择断裂下盘；对于中等全新活动断裂，宜避开断裂带 500～1000m，并宜选择断裂下盘；对稍弱全新活动断裂，宜避开断裂带，建筑物不得横跨断裂带"的规定。

1999 年集集地震后，我国台湾地区规定：在活断层位置明确或部分位置尚未明确的地区，禁止建设医院、学校、消防站以及二层以上的建筑。

2.2.2 地表破裂危险距离等级划定

根据前面对强震地表破裂影响的描述可以知道，构造性地表破裂造成的危害各类工程设施很难抵挡。因此，从建设用地规划与选取以及工程建设的角度出发，应对地表破裂危险区进行避让，其危险区域的距离等级划分应以下列原则为基础：

① 地表破裂是一个带，而并非是简单的一条线。

② 只考虑构造性地表破裂，不考虑非构造性地表破裂。也就是说在进行破裂危险区等级划分时，只以构造性地表破裂带宽度为依据。

③ 对于隐伏性断层，由于受到断错类型、断错量、上覆土层土质及厚度的影响，地震发生时造成的地表破裂带无论是走向，还是宽度都具有较大的不确定性。因此，在地表破裂带危险距离等级划分时，应考虑这种不确定性。

场地的地表破裂危险区距离 d 由两部分组成。第一部分为根据预测得出的地表破裂宽度准确值 D；第二部分为考虑一定保证率的破裂影响宽度 ΔD，徐锡伟通过对国内外地震地表破裂宽度的统计研究得出，断层错动造成的地表直接破裂带宽度属于比较典型的正态分布，采用其研究结果，本书中取均方差 $\Delta D = 8.3 \mathrm{m}$。其中，一级距离危险等级取破裂预测宽度与 2 倍方差之和，二级距离危险等级取破裂预测宽度与 3 倍方差之和，地表破裂宽度的概率密度如图 2-3 所示。

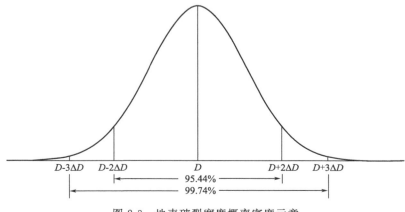

图 2-3　地表破裂宽度概率密度示意

基于以上原则及规定，对建设用地地表破裂危险距离等级进行了三级划分，见表 2-3 和图 2-4。

表 2-3　地表破裂危险距离等级划分

距离等级	距离范围
一级	场地整体或部分位于 $D+2\Delta D$ 区域内
二级	场地整体或部分位于 $D+2\Delta D$ 与 $D+3\Delta D$ 之间的区域内
三级	场地位于 $D+3\Delta D$ 以外区域

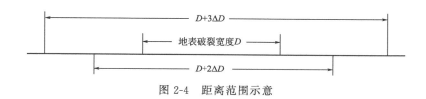

图 2-4　距离范围示意

2.3 场地地表破裂危险性分级研究

2.3.1 强震地表破裂宽度信息扩散预测模型

目前，在上覆土层厚度变化下，断层错动引发的地表破裂宽度相关数据资料较少，导致研究样本具有非完备特性。信息扩散方法具有较强的处理小样本数据的能力，该方法可以通过一定的方式将样本中的原始信息直接转化为模糊关系，从而达到既避开隶属度的求取，又可以最大限度地保留数据原始信息的效果。根据这种特性，本书尝试通过信息扩散模型[76-78]对断层错动引起的地表破裂带宽度进行预测。

2.3.1.1 信息扩散方法

信息扩散方法是一种在优化利用样本模糊信息条件下对样本进行集值化的模糊数学方法，其目的在于弥补样本信息的缺失。信息扩散方法的最基本形式是信息分配。信息分配的概念是在对实际工程数据的分析中建立起来的，当一个知识点样本被不同程度地归入有关的两个类时，这种模糊划分就是信息分配。

（1）信息分配

设 W 是给定的知识样本集，它来自服从某一连续分布的总体 O。又设 V 是 W 的基础论域，而 U 是用来对 W 进行信息分配且步长为 Δ 的离散基础论域，再令 Q 是表征 W 在 U 上信息分配所得体现信息结构的原始信息分布矩阵，即：

$$\left. \begin{aligned} &W = \{w_1, w_2, \cdots, w_m\} \\ &V = [a, b] \\ &U = \{u_1, u_2, \cdots, u_n\} \quad u_{i+1} - u_i = \Delta \\ &Q = (Q_1, Q_2, \cdots, Q_n) \end{aligned} \right\} \tag{2-1}$$

为了使信息在小区间上频率的分配更具有普遍意义，对 Q 向通常的密度函数逼近问题进行如下定义。

【定义 2.1】 设总体 O 的密度函数为 $p(u)$，称：

$$P_U = (p_1, p_2, \cdots, p_n) = (p(u_1), p(u_2), \cdots, p(u_n)) \tag{2-2}$$

为 O 在 U 上的离散分布。

【定义 2.2】 称 $S = \sum_{i=1}^{n} Q_i$ 为 W 的完备度。

当 Q 由严格的信息分配函数得来，且 W 在 U 上进行信息分配不需要辅助控制点时，必有 $S = m$。

【定义 2.3】 设 W 的完备度为 S，Q 是 W 在 U 上的原始信息分布矩阵，称

$$Q_u = (\tilde{p}_1, \tilde{p}_2, \cdots, \tilde{p}_n) = \left(\frac{Q_1}{S\Delta}, \frac{Q_2}{S\Delta}, \cdots, \frac{Q_n}{S\Delta} \right) \tag{2-3}$$

为 W 在 U 上的模糊离散分布。

由于信息分配只能把一个信息分配给相邻的两个控制点，所以，当 Δ 过小时，就会出现很多控制点得不到信息，此时 Q_U 会出现强烈波动。而在一般情况下，表征某一物理规律的 $p(v)$ 是一条非零且有一定变化率的光滑曲线，所以 Q_U 与 P_U 之间会有较大误差。反之，如果只追求各离散点上的误差值较小，则 Δ 往往较大，精度也会随之降低。

（2）信息扩散

设 $W = \{w_1, w_2, \cdots, w_m\}$ 为一个知识样本，V 为基础论域，记 w_j

的观测值为 v_j，设 $x = \varphi(v - v_j)$，则当 W 非完备时，一定存在函数 $\mu(x)$，使 v_j 点获得的量值为 1 的信息可以按 $\mu(x)$ 的量值扩散到 v 中去，从而能更好地反映 W 所在的总体的规律。

每个观测样本点 x 中的分量按式（2-4）将其所携带信息进行扩散。

$$f(w_j) = \frac{1}{h\sqrt{2\pi}} \exp\left[-\frac{(x - w_j)^2}{2h^2}\right] \tag{2-4}$$

式中，h 为扩散系数，可按式（2-5）求出

$$h = \begin{cases} 0.8146(b-a), & n=5 \\ 0.5690(b-a), & n=6 \\ 0.4560(b-a), & n=7 \\ 0.3860(b-a), & n=8 \\ 0.3362(b-a), & n=9 \\ 0.2986(b-a), & n=10 \\ 2.6851(b-a)/(n-1), & n \geqslant 11 \end{cases} \tag{2-5}$$

其中，$a = \min\limits_{1 \leqslant i \leqslant m}\{w_j\}$，$b = \max\limits_{1 \leqslant i \leqslant m}\{w_j\}$，$n$ 为样本点的个数。

令

$$C_i = \sum_{j=1}^{m} f(w_j) \tag{2-6}$$

则相应模糊子集对应的隶属函数为：

$$\mu_x(w_j) = \frac{f(w_j)}{C_j} \tag{2-7}$$

称 $\mu_x(w_j)$ 为样本点 x 的归一化信息分布。

对 $\mu_x(w_j)$ 进行处理后可得：

$$q(w_j) = \sum_{j=1}^{m} \mu_x(w_j) \tag{2-8}$$

若 $\{w_1, w_2, \cdots, w_m\}$ 中的观测值只能取 $v_1, v_2, \cdots, v_j$ 中的一个，那么当 x 均被认为是样本代表点时，观测值为 μ_j 的样本点个数为 $q(w_j)$。再令

$$Q = \sum_{j=1}^{m} f_i(w_j) \tag{2-9}$$

实际上，Q 为 W 中 m 个样本点数的总和。理论上，应当存在 $Q = n$，但由于计算中的误差，Q 与 n 略有差别。通过式（2-10）、式（2-11），可以进一步得到模糊关系矩阵 R。

$$r(w_j) = \frac{q(w_j)}{Q} \tag{2-10}$$

$$R(w_j) = \sum_{k=j}^{m} r(w_j) \tag{2-11}$$

在信息扩散理论应用过程中，扩散函数的选择至关重要，不同函数的选取会使最终的计算结果产生很大的差异。本书中选取最基本的二维正态扩散函数，黄崇福在文献［76］中指出，在样本数量较小的情况下，以正态分布作为扩散函数的模型计算结果要优于对数分布或指数分布。

2.3.1.2　地表破裂宽度预测模型的构建与计算

（1）影响因素选取和数据准备

1）影响因素选取

发震断层错动引起的覆盖土层贯通破裂是十分复杂的过程，研究表明地表破裂宽度主要受到断层类型（走滑断层、倾滑断层）、基岩断层倾角、断层错动位移量、上覆土层的厚度和物理性质等因素影响。本书中选用震级和上覆土层厚度两个指标作为描述地表破裂带宽度的影响因素。由中国大陆地震断错形变-震级概率分布图可以明显地看出，当震级小于6.5时有95％的断裂不会出现地表断错形变，仅有个别地震才有可能出现。而当覆盖层厚度超过100m时，同样不会发生地表破裂。

2）数据准备

本书中所采用的计算数据来自国内外模型试验和数值模拟的研究结果[18~20,23,54,79~83]，见表2-4。这些研究中断层类型均为倾滑断层，场地类别为Ⅱ类场地。

表 2-4　地表破裂带宽度资料

震级	覆盖层厚度/m	地表破裂带宽度/m	资料来源
7	10	30	
7	20	38	
7	30	42	韩竹军 等，2002
7	40	33	
7	50	35	
6.7	30	31	李小军 等，2009
7.6	50	39	

续表

震级	覆盖层厚度/m	地表破裂带宽度/m	资料来源
6.9	15	27	
7	15	34	Ming Lang Lin,2006
7.5	15	37	
7.1	50	33	赵雷 等,2005
7.7	20	33	
7.8	40	40.5	李慧荣 等,2001
7.7	30	42.7	
8	50	39.5	
6.5	30	35	TANIYAMA,2000
7.2	52.5	43	董津城,1999
7.5	52.5	38	
7.2	40	40	Anastasoponlus,2007
7.4	58	42	骆冠勇 等,2010

（2）信息扩散原理与模型构建

1）信息扩散原理

本书以震级、上覆土层厚度为输入变量，地表破裂宽度为输出变量，通过信息扩散模型建立输出与输入变量之间的关系模型。

2）模型构建

① 地表破裂宽度与震级、上覆土层厚度之间模糊矩阵的建立。

首先，分析震级（M）与地表破裂带宽度（D）之间的模糊关系。由表 2-5 可知：震级的变化范围为 $6.8 \sim 8.0$，地表破裂宽度的变化范围为 $27 \sim 43$。取两个论域：

$$U_M = \{6.5, 6.8, 7.1, 7.4, 7.7, 8.0\}; V_D = \{27, 32, 37, 42, 47\}$$

其中，U_M 为震级的论域，步长 $\Delta = 0.3$；V_D 为地表破裂带宽度论域，步长 $\Delta = 5\text{m}$。

计算中选取二维正态扩散降落公式：

$$Q = f_m(u, v) = \frac{1}{2\pi m h^2} \sum_{j=1}^{m} \exp\left[-\frac{(u' - u'_j)^2 + (v' - v'_j)^2}{2h^2}\right]$$

(2-12)

式中，$u' = (u - a_1)/(b_1 - a_1)$；$v' = (v - a_2)/(b_2 - a_2)$；$u'_j = (u_j - a_1)/(b_1 - a_1)$；$v'_j = (v_j - a_2)/(b_2 - a_2)$；$a_1 = \min\limits_{1 \leqslant j \leqslant m}\{u_j\}$，$b_1 =$

$\max_{1\leqslant j\leqslant m}\{u_j\}$，$a_2=\min_{1\leqslant j\leqslant m}\{v_j\}$，$b_2=\max_{1\leqslant j\leqslant m}\{v_j\}$；$u_j$，$v_j$（$j=1,2,\cdots,r$）分别为 U，V 中的离散点。$h=1.4208/(m-1)$，m 为样本数。

根据式(2-12)，可得到原始信息分布矩阵 $Q_{M,D}$（表 2-5），再按行对原始信息做正规化处理，即可得到震级（M）与地表破裂带宽度（D）的模糊关系矩阵 $R_{M,D}$。

同理，按信息扩散方法将表 2-4 数据中的上覆土层厚度（H）与地表破裂带宽度建立模糊关系，可以得到原始信息分布矩阵 $Q_{H,D}$（表 2-6）和模糊关系矩阵 $R_{H,D}$。

表 2-5　原始信息分布矩阵 $Q_{M,D}$

项目	$D_1(27)$	$D_2(32)$	$D_3(37)$	$D_4(42)$	$D_5(47)$
$M_1(6.5)$	0.004	0.266	0.352	0.000	0.000
$M_2(6.8)$	0.973	1.065	0.300	0.294	0.000
$M_3(7.1)$	0.332	2.194	1.007	1.911	0.004
$M_4(7.4)$	0.000	0.059	1.718	1.753	0.001
$M_5(7.7)$	0.000	1.004	0.755	1.722	0.002
$M_6(8.0)$	0.000	0.028	0.165	0.326	0.000

表 2-6　原始信息分布矩阵 $Q_{H,D}$

项目	$D_1(27)$	$D_2(32)$	$D_3(37)$	$D_4(42)$	$D_5(47)$
$H_1(10)$	0.601	0.506	0.583	0.000	0.000
$H_2(18)$	1.009	1.141	1.912	0.015	0.000
$H_3(26)$	0.016	0.824	0.452	1.411	0.001
$H_4(34)$	0.003	0.821	0.211	1.657	0.001
$H_5(42)$	0.000	0.952	0.162	0.899	0.000
$H_6(50)$	0.000	1.086	1.659	1.153	0.004
$H_7(58)$	0.000	0.089	0.383	1.753	0.002

$$R_{M,D}=\begin{vmatrix} 0.010 & 0.756 & 1.000 & 0 & 0 \\ 0.913 & 1.000 & 0.282 & 0.276 & 0 \\ 0.151 & 1.000 & 0.459 & 0.871 & 0.002 \\ 0 & 0.034 & 0.980 & 1.000 & 0.001 \\ 0 & 0.583 & 0.438 & 1.000 & 0.001 \\ 0 & 0.086 & 0.506 & 1.000 & 0 \end{vmatrix}$$

$$R_{H,D} = \begin{vmatrix} 1.000 & 0.843 & 0.971 & 0 & 0 \\ 0.528 & 0.597 & 1.000 & 0.008 & 0 \\ 0.011 & 0.584 & 0.321 & 1.000 & 0.001 \\ 0.002 & 0.496 & 0.127 & 1.000 & 0.001 \\ 0 & 1.000 & 0.170 & 0.944 & 0 \\ 0 & 0.654 & 1.000 & 0.695 & 0.003 \\ 0 & 0.051 & 0.218 & 1.000 & 0.001 \end{vmatrix}$$

② 模糊近似推理：模型构建中，采用近似推论公式 $B_i = A_i R$ 来进行预测，式中 A_i 的计算采用如下公式。

当 $a \leqslant a_{min}$，$a_{min} \in A_i$ 时，$A_i = [1, 0, \cdots, 0]$；

当 $a \geqslant a_{max}$，$a_{max} \in A_i$ 时，$A_i = [0, 0, \cdots, 1]$；

当 $a_{min} < a < a_{max}$ 时，$A_i = \left[\max\left(0, 1 - \dfrac{|a - a_i|}{\Delta}\right) \right]$

式中　Δ——步长，$\Delta = a_{i+1} - a_i$　$(i = 1, 2, \cdots, m)$。

该方法表明：当原始信息元素 a 超出 A_i 范围时 ($a \notin A_i$)，应突出顶点元素 (a_{min}，a_{max}) 的信息。

例如，当取表 2-5 中震级、上覆土层厚度（7.8，40）进行预测时，通过计算可得到：

$B_M = A_M R_{M,D} = [0.000, 0.417, 0.461, 1.000, 0.001]$

$B_H = A_H R_{H,D} = [0.000, 0.874, 0.159, 0.958, 0.000]$

以上为一级模糊近似推论过程，若只考虑单因素对地表破裂带宽度的影响，则对以上计算结果进行信息集中即可得到预测值。但由于震级、上覆土层厚度两因素对地表破裂宽度的影响程度不同，因此应当在综合考虑各影响因素的基础上，进行二级模糊近似推论[84]。

二级模糊近似推论结果是通过权重数组 A' 和模糊矩阵 R' 的组合运算得到的。首先，将一级推论所求出的 B_M、B_H 组成一个 2×5 阶矩阵 R'，作为二级推论的模糊关系矩阵，然后再根据公式进行计算。

$$B' = A'R' \tag{2-13}$$

式中　A'——各影响因素的权重。

本书以样本数据拟合平均相对误差最小为目标，采取影响因素权重交叉组合遍历优化计算确定 A' 值，如图 2-5 所示。经计算，得到两个影响因素震级和上覆土层厚度的影响权重为 $A' = [0.65, 0.35]$，此时样本数

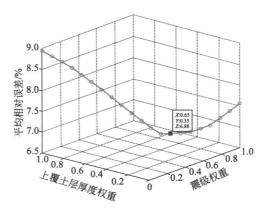

图 2-5　交叉组合遍历优化算法计算影响因素权重

据拟合平均相对误差最小为 6.88%。

③ 信息集中：上述计算所得到的 B' 还不能作为最终结果，为了消除信息扩散带来的影响，同时也为了求取最佳预测值，最终预测结果应通过式（2-14）求得。

$$D = \sum_{i=1}^{n}(B'_i)^k D_i / \sum_{i=1}^{n}(B'_i)^k \qquad (2\text{-}14)$$

式中　D——地表破裂带宽度的最终预测值；

　　　D_i——地表破裂带宽度的等级划分值；

　　　k——常数，视情况而定，本书取 $k=2$。

（3）预测模型对比分析

本书采用多元线性回归、完全二次回归、BP 神经网络及信息扩散理论四种模型建立实测地表破裂宽度与预测值之间的关系模型。计算过程中每次建模利用 20 个样本中的 19 个，剩余一个用于验证，交叉建模 20 次，直到每个样本点均参与验证。表 2-7 为某次交叉建模的预测结果，图 2-6 为各种方法的建模结果（彩色版见书后）。

表 2-7　地表破裂带宽度预测值与实测值对比

序号	地表破裂宽度实测值/m	多元拟合预测值/m	相对误差/%	完全二次回归预测值/m	相对误差/%	BP 预测值/m	相对误差/%	信息扩散预测值/m	相对误差/%
1	30	32.6	8.6	30.7	2.3	32.9	9.6	33.0	10.0
2	38	33.8	−11.1	34.8	−8.5	32.3	−15.1	34.4	−9.6
3	42	35.0	−16.7	37.1	−11.6	32.1	−23.5	36.3	−13.7

续表

序号	地表破裂宽度实测值/m	多元拟合预测值/m	相对误差/%	完全二次回归预测值/m	相对误差/%	BP预测值/m	相对误差/%	信息扩散预测值/m	相对误差/%
4	33	36.2	9.6	37.8	14.5	32.9	−0.2	35.6	8.0
5	35	37.4	6.8	36.8	5.0	34.5	−1.4	35.7	1.9
6	31	33.6	8.5	34.0	9.7	32.9	6.1	33.9	9.5
7	39	40.1	2.7	40.5	3.8	40.0	2.5	38.7	−0.7
8	27	32.7	21.2	32.2	19.2	31.4	16.4	30.1	11.4
9	34	33.2	−2.4	32.9	−3.1	32.5	−4.3	33.5	−1.4
10	37	35.4	−4.3	34.6	−6.6	36.8	−0.6	37.6	1.5
11	33	37.8	14.6	37.7	14.4	34.8	5.5	36.6	11.0
12	33	36.9	11.8	36.4	10.4	36.4	10.2	37.7	14.1
13	40.5	39.7	−1.9	40.8	0.8	39.7	−2.0	39.2	−3.1
14	42.7	38.1	−10.8	39.5	−7.4	38.3	−10.2	39.3	−7.9
15	39.5	41.8	5.9	40.2	1.8	39.5	−0.1	39.7	0.4
16	35	32.8	−6.4	31.2	−10.8	35.2	0.6	39.4	1.4
17	38	39.9	5.0	39.8	4.8	39.5	4.0	39.4	3.8
18	43	38.6	−10.3	38.1	−11.4	36.2	−15.9	38.2	−11.1
19	42	40.1	−4.5	38.1	−9.3	39.2	−6.6	40.3	−4.0
20	40	37.1	−7.3	39.4	−1.5	34.4	−13.9	37.9	−5.2

通过计算结果可以发现，多元线性拟合和完全二次项回归两种方法对 8 号数据的预测均存在较大误差。分析原因是：8 号数据的实测值较低，这两种方法不能线性地反映出局部极小的信息，且预测值平均误差较大。BP 神经网络预测方法虽然预测值的平均误差有所下降，也表现出一定的非线性处理能力，但最大相对误差较高，为 23.49%，并且，BP 神经网络预测方法带有不确定性和随机性，不能保证每一次运算都可以得到较好的预测结果。此外，多元线性回归方法所得 $R^2=0.635$ ［图 2-7（a）］，完全二次项回归法所得 $R^2=0.692$ ［图 2-7（b）］，BP 神经网络方法所得 $R^2=0.582$ ［图 2-7（c）］，信息扩散所得 R^2 最高，为 0.802 ［图 2-7（d）］。

由此可见，相比于传统的多元线性回归方法、完全二次项回归和 BP 神经网络方法，信息扩散模型所需数据量少、对非线性和局部极小问题解决较好等优势在强震地表破裂宽度预测中得以体现，计算结果也表现出更高的精度和稳定性，比其他传统方法能够更好地预测强震地表破裂宽度。

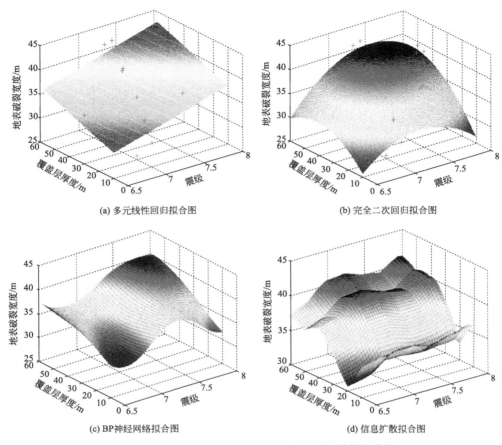

(a) 多元线性回归拟合图   (b) 完全二次回归拟合图

(c) BP神经网络拟合图   (d) 信息扩散拟合图

图 2-6 地表破裂宽度与覆盖层厚度、震级数据拟合图

另外，信息扩散方法无需了解样本的分布情况，无需构造隶属函数，并且能够有唯一解，优于人工神经网络和支撑向量回归等非线性拟合方法。

2.3.1.3 模型实例分析

1970 年云南省南部通海地区发生 7.7 级强烈地震，此次地震发生在北西向的曲江断裂上。地震后，沿曲江断裂出现了许多构造性地表破裂，从建水县庙北山北，经通海县的高大、峨山县的水车田、牛白甸、直抵峨山城下，全长约 52km。由于所经地区上覆土层条件及活动断层性质等方面的综合影响，不同地段的地表破裂的表现形式也不同。根据通海地震之前的十二年期间的断层形变资料以及 1969 年的垂直形变复测结果可以看出，在小白邑地区断层已存在明显南盘下降北盘上升的垂直运动，因此断

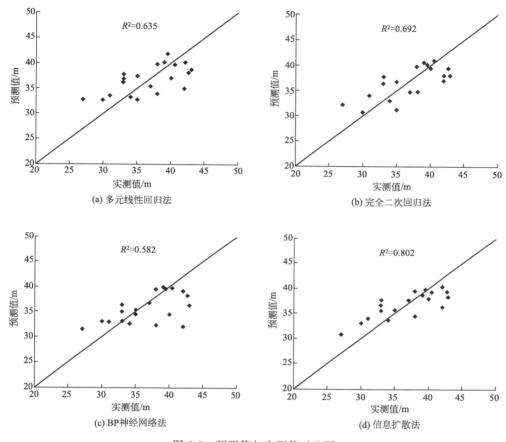

图 2-7　预测值与实测值对比图

层的破裂方式趋近于倾滑断裂[85]。调查结果表明：小白邑-梅子树段为起伏不大的缓坡，上覆土层厚度约为 25m，地震发生后地表垂直错动明显，在此区域地表破裂带宽度均值约为 36m，地表破裂带内民房几乎全部倒毁。本书采用信息扩散模型对小白邑-梅子树段地表破裂宽度进行预测，取震级 $M=7.7$，上覆土层厚度为 25m，建模计算可以得出地表破裂宽度预测值为 $D=38.8m$，与实测值相差不足 3m，预测精度较高。

2.3.2　地表破裂宽度概率分析模型

断层错动引发的地表破裂宽度概率估计，近似采用了地震危险性概率分析的方法。其不同之处在于：

① 在进行场地的地震危险性分析时，认为所评价场地周围的所有潜在震源都会做出贡献，但在断层错动引发的地表破裂危险性评价中，只考虑该错动断层的贡献；

② 场地所在断层发生的所有地震对地震危险性评价均有贡献，而该断层引发的地震中仅有少数会造成地表破裂。

因此，某一断层错动引发的地表破裂宽度大于 d 的年超越概率为：

$$P(d) = \int_{M_0}^{M_u} f(M) \mathrm{d}M \cdot [P(slip \mid M, H) \cdot P(D > d \mid M, H, slip)]$$

(2-15)

式中　M_0，M_u——起算震级和震级上限；

　　　　$f(M)$——地震震级为 M 的概率密度函数；

$P(slip \mid M, H)$——当震级为 M、基岩上覆土层厚度为 H 时，地表发生破裂的概率；

$P(D > d \mid M, H, slip)$——当给定震级 M 和上覆土层厚度 H，并且确定地表发生破裂时，地表破裂带宽度大于 d 的年超越概率。

研究表明，在同一地震带内，地震的发生在时间上基本符合泊松事件的基本性质，因此一般用泊松模型作为描述地震发生的概率模型。根据古登堡-里克特震级频度关系，可以推导出震级 M 的概率分布函数，在一个潜在震源区内地震事件的震级分布为指数分布：

$$N(M) = \mathrm{e}^{(\alpha - \beta M)} \quad (M_0 \leqslant M \leqslant M_u)$$

(2-16)

式中，参数 α、β 按式（2-17）计算：

$$\alpha = \frac{(a - \lg b)}{\lg e}, \beta = \frac{b}{\lg e}$$

(2-17)

以经验分布代替概率分布，则不大于 M 的震级累计概率分布为：

$$F(M) = \frac{N(M_0) - N(M)}{N(M_0) - N(M_u)} = \frac{1 - \mathrm{e}^{-\beta(M - M_0)}}{1 - \mathrm{e}^{-\beta(M_u - M_0)}} \quad (M_0 \leqslant M \leqslant M_u)$$

(2-18)

震级的概率密度函数可由累计分布函数 $F(M)$ 对震级 M 求导得出：

$$f(M) = \frac{\beta \mathrm{e}^{-\beta(M - M_0)}}{1 - \mathrm{e}^{-\beta(M_u - M_0)}} \quad (M_0 \leqslant M \leqslant M_u)$$

(2-19)

在实际应用中，$f(M)$ 可按震级 $m_i(i = 1, 2, \cdots, N)$ 进行离散。

通过地震震害的实际调查可以发现，并不是所有的地震都会引发地表破裂，蒋溥等在文献［86］中给出震级与产生地表破裂之间的概率关系，见表 2-8。

表 2-8　地震地表破裂在不同震级下的出现概率

震级	$M>7.5$	$7.5 \geqslant M>7.25$	$7.25 \geqslant M>7.0$	$7.0 \geqslant M>6.5$	$M \leqslant 6.5$
地表破裂概率	1.0	0.5	0.3	0.1	0.025

对于覆盖层厚度的影响，王钟琦对 20 世纪 90 年代以前的国内外地震中覆盖层厚度和地表破裂的相关资料进行了总结。结合表 2-8，本书给出了震级、覆盖层厚度与地震地表破裂发生之间的可能性关系，见表 2-9。

表 2-9　震级、覆盖层厚度与地震地表破裂之间的可能性关系

震级	覆盖层厚度/m			
	0	20	20~50	>50
$M \geqslant 7.5$	1.0	0.6	0.3	0.1
$7.5>M \geqslant 7.0$	0.5	0.25	0.1	0.025
$7.0>M \geqslant 6.5$	0.1	0.03	0.01	0
$M \leqslant 6.5$	0.025	0.002	0	0

由于实际地震资料中，很难找到在给定震级 M、上覆土层厚度 H 情况下的地表破裂带宽度超越概率数据。因此本书中以徐锡伟[87] 给出的地表破裂宽度正态分布模型近似代替式（2-15）中 $P(D>d \mid M,H,slip)$ 一项。因此式（2-15）可以简化为：

$$P(d) = \int_{M_0}^{M_u} f(M) \mathrm{d}M \cdot \{P(slip \mid M,H) \cdot [1-F(s)]\} \quad (2\text{-}20)$$

式中，$P(D>d \mid M,H,slip)$ 取表 2-5 中数据，地表破裂宽度的分布函数 $F(s)$ 为：

$$F(s) = \frac{1}{\sqrt{2\pi} \times 8.3} \int_{-\infty}^{s} \mathrm{e}^{-\frac{(t-13.2)^2}{2 \times 8.3^2}} \mathrm{d}t \quad (2\text{-}21)$$

因此，断层错动引发的地表破裂宽度大于 d 的年超越概率公式最终简化为：

$$P(d) = \int_{M_0}^{M_u} \frac{\beta \mathrm{e}^{-\beta(M-M_0)}}{1-\mathrm{e}^{-\beta(M_u-M_0)}} \mathrm{d}M \cdot$$

$$\left[P(slip \mid M,H) \cdot \left(1 - \frac{1}{\sqrt{2\pi} \times 8.3} \int_{-\infty}^{s} \mathrm{e}^{-\frac{(t-13.2)^2}{2 \times 8.3^2}} \mathrm{d}t \right) \right] \quad (2\text{-}22)$$

2.3.3 场地地表破裂危险性评价方法

场地地表破裂危险评价共分为两个阶段，第一阶段为初级评价阶段，第二阶段为详细评价阶段。

（1）初级评价阶段

根据对活动断层活动性、历史地震记录等已有的探测、评价资料分析，判断是否需要进行详细评价。

当出现下列情况时，不需要进行场地地表破裂危险性第二阶段的评价，可以直接将破裂危险等级定为四级：

① 抗震设防烈度低于 8 度；

② 抗震设防烈度为 8 度和 9 度，上覆土层厚度分别大于 70m 和 100m 时；

③ 活动断层的全长小于 50km；

④ 断层的活动性属于第 Ⅳ 级断裂。

活动断层的活动性分级见表 2-10，场地地表破裂危险等级划分见表 2-11。

除以上四种情况外，其余情况均应进行场地地表破裂详细评价。

表 2-10　活动断层活动性分级

断裂活动性分级	划分指标				
	断裂类型	活动性描述	平均活动速率	历史地震	潜在最大
Ⅰ	强全新活动断裂	全新世以来活动较强烈，或晚更新世以来活动强烈	$u \geqslant 1$	全新世以来 $M \geqslant 5$	$M \geqslant 6.5$
				晚更新世以来 $M \geqslant 6.5$	$M \geqslant 6.5$
Ⅱ	中等全新	中或晚更新世以来活动较强烈，或全新世以来有较频繁的小震活动	$1 > u \geqslant 0.1$	晚更新世以来 $M \geqslant 5$	$M \geqslant 6.5$
Ⅲ	微弱全新	中晚更新世以来有较强烈活动，或全新世以来有微弱活动	$0.1 > u \geqslant 0.01$	中晚更新世以来 $M \geqslant 4$	$M \geqslant 6.5$
Ⅳ	其他断裂				

表 2-11　场地地表破裂危险等级划分

场地地表破裂危险等级	场地特点	工程建设适宜性
一级	强震引发构造性地表破裂，主干断裂对场地造成影响	各类工程均不应建设；生命线工程无法避开时，应评定地表破裂的影响，并需针对强震地表破裂作用进行规划、设计和评价
二级	强震引发构造性地表破裂，分支或次支断裂对场地造成影响	重要工程不应建设，其他各类工程均不宜建设；生命线工程无法避开时，应评定强震地表破裂影响，并采取应对地表破裂的措施
三级	强震引发非构造性地表破裂	重要工程不宜建设，其他各类工程宜避开；生命线工程应采取应对地表破裂的措施
四级	其他类别地表破裂带	重要工程不宜建设，其他各类工程及生命线工程应采取应对地表破裂的措施

（2）详细评价阶段

详细评价阶段包括两方面内容：一方面是通过对断层引发的地表破裂带宽度预测，确定危险距离等级，危险距离等级划分见表 2-3；另一方面是通过概率分析得出断层引发地表破裂宽度预测值的概率。两者同时考虑，共同确定场地地表破裂危险等级，地表破裂危险性等级评定标准见表 2-12。

表 2-12　场地地表破裂危险等级评定

地表破裂危险距离等级	地表破裂概率(50 年超越概率)		
	$P \geqslant 8\%$	$8\% > P \geqslant 2\%$	$P < 2\%$
一级危险距离	一级	一级	二级
二级危险距离	二级	三级	三级
三级危险距离	四级		

2.4　实例分析

假设某一断裂，其类型为压扭逆冲型，走向近南北，总长约 400km，规划区内长 37km。该断裂属于全新世活动断裂，历史上有多次发生 7 级以上地震的构造背景，属于对规划区影响较大的活动断裂。对该断裂带1000年内的地震史料统计得出：起算震级 $M_0 = 4.0$，震级上限 $M_u = 8.0$，古登堡-里克特震级频度关系为 $\lg N = 7.005 - 0.825M$，$S = 0.127$，$\beta = b \times \ln 10 = 1.962$。

规划区内某工程场地距离该断裂40m，覆盖土层厚度为30m，场地类别为Ⅱ类，当该断层发生7级地震时，根据信息扩散模型中一级模糊近似推理可以得出：

$A_M = [0, 0.33, 0.67, 0, 0, 0]$；$A_H = [0, 0.5, 0.5, 0, 0, 0]$

$B_M = [0.4025, 1.0000, 0.4005, 0.6745, 0.0012]$

$B_H = [0.0065, 0.5398, 0.2241, 1.0000, 0.0009]$

根据式（2-13）和式（2-14）可以预测出地表将产生36.3m宽的破裂带。根据表2-4可以得出，该场地的地表破裂危险距离等级为一级，在确定一级危险距离的条件下，依据2.2.2部分中距离范围的规定以及场地与断层的距离，按最不利条件，认为破裂带完全位于上盘且临近该场地，可以得出，当地表破裂宽度不小于 $40 - 2\Delta D$，即23.4m时，该场地都处于一级距离危险区。根据式（2-22）可以计算出该断裂50年内引发地表破裂宽度的超越概率，如图2-8所示。

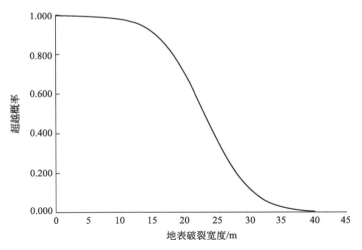

图 2-8　地表破裂宽度超越概率

从图2-8中可以看出，该断裂50年内引发大于23.4m地表破裂宽度的概率为2.3%。因此根据表2-12可以综合评定出该场地的地表破裂危险等级为一级，对城市建设有严重影响。

2.5　本章小结

　　本章通过分析以往各种研究方法的特点，根据覆盖土层厚度变化下，地表破裂宽度数据所具备的非完备特性，从强震地表破裂对建设用地防灾适宜性的影响出发，提出了在地表破裂距离危险等级和地表破裂概率共同影响下的场地地表破裂危险性评价模型。

　　由于信息扩散方法具有较强处理小样本数据的能力，针对的震级、上覆土层厚度及地表破裂宽度的实测或试验数据较少的问题，本章利用信息扩散原理对强震地表破裂宽度进行预测。在对诸多影响因素分析的基础上选取震级、上覆土层厚度为主要评价指标，采用模糊信息优化处理中的信息扩散原理及一、二级模糊近似推论，建立了两个评价指标与地表破裂宽度之间的模糊关系。针对模型的稳定性和精度进行交叉验证，并与多元线性回归模型、完全二次回归模型和 BP 神经网络模型进行对比，计算结果显示，信息扩散方法构建的强震地表破裂宽度模型可以较好地处理各指标间的非线性关系，在很大程度上提高强震地表破裂宽度的预测精度。

　　本章建立了一个估计地表破裂宽度发生概率的简化模型。模型中，震级、覆盖层厚度与地表破裂之间的关系，以及地表破裂宽度的分布函数，都由断层现场调查内容和历史震害资料分析得出，由于地表破裂相关数据的完整性不足，此简化概率模型今后需进一步完善。

第 3 章

地震砂土液化灰色关联-逐步
分析耦合判别研究

3.1 引言

在城市建设用地的防灾适宜性评价工作中，地震砂土液化判别是其中的一个重要环节。砂土液化是地震灾害的主要形式之一，具有很强的危害性。地震引发的砂土液化会造成喷砂冒水、地基失稳等现象，从而导致各类建筑和基础设施丧失功能，无法正常运行[88,89]。1964 年，日本新潟发生 7.1 级地震，在此次地震中，砂土液化现象极为普遍，并且在很大程度上加重了地震灾害。在砂土液化地区，道路、桥梁、供水管线、供电设备等基础设施都因液化产生了倾斜或变形等不同程度的破坏，许多建筑物甚至被连根拔起，整体向一边倾倒，而建筑物本身却完好无损，如图 3-1 所示。但是周边地基土密实的地区，结构的破坏却十分轻微[90]。除此之外，1976 年海城地震以及 1995 年阪神地震中，也出现了大量由粉土或饱和砂土液化所导致的破坏，如图 3-2 所示[91]。

图 3-1　新潟地震中砂土液化造成的建筑物倾倒

砂土液化通常是指在地震或其他动力荷载作用下，饱和砂土因受到强烈震动而丧失抗剪强度，从而使砂粒处于悬浮状态的现象[92,93]。由于土颗粒的质量、土体骨架中各节点的初始应力及荷载传递方式均有所差别，因此，在地震作用影响下，土骨架中各节点的应力会发生改变，并且会有新的节点产生[94,95]。在土骨架发生破坏后，应力会在各节点中进行重新分配，节点的影响范围也会逐渐增大，砂颗粒也会受到自重和超孔隙水的

图 3-2　阪神地震中路面液化下沉

共同影响。随着自重和超孔隙水压力大小的改变，当两者接近时，土颗粒处于悬浮状态，而此时，整体表现为土体抗剪强度降低并出现一定程度的变形，随着这一过程的持续，土体将逐渐达到完全液化状态[96-98]。

从砂土液化的震害实例和作用机理中可以看出，如果对场地中饱和砂土的液化特性预估不足或采取的抗液化措施不够，当地震发生时，位于液化土层上的建筑物将遭到严重破坏。由于经济水平的限制，目前实际中还无法对所有工程的地基土进行抗液化处理。

通过第 1 章对砂土液化常用判别方法的优缺点分析可以看出，基于经验和室内试验建立起来的确定性判别方法适用范围较广，但往往在判别中考虑的影响因素较少，并且大多数确定性方法只能给出土层是否会发生液化，并没有对液化等级进行划分或只是简单地采用平均值来描述液化等级风险，经常会出现结果不准确，甚至错误的现象。一些以模糊数学为基础的判别方法都具有自身的特点，但各种判别方法在单独使用时也存在着一定的局限性，如权重赋值具有主观性和随意性、神经网络方法收敛速度较慢且计算结果不稳定等。但随着城市与工程建设的快速发展和场地防灾适宜性评价的需要，对于砂土液化判别的要求也越来越高，判别中不但需要评价是否液化，而且还要对液化等级进行详细合理的划分并且给出相对性的可靠性分析结果。因此，建立一种可以准确预测砂土液化危害等级的多参数综合评价模型对建设用地防灾适宜性评价有重要意义。

3.2 砂土液化影响因素分析

地震砂土液化是一个相当复杂的过程，会受众多因素的影响。通过对以往地震中砂土液化灾害的调查研究发现，其影响因素主要包括动荷载条件、土性条件、埋藏条件和应力历史四类[99]。

（1）动荷载条件

动荷载条件主要体现在震动强度和震动持续时间两个方面。地震中，地面加速度会随震动强度的增加而增大，因此震动强度越大，就越容易出现砂土液化现象。而震动时间表示土体受地震荷载反复作用的持续时间，同样，地震力持续时间越长，也越容易引起砂土液化。甚至是在地震荷载幅值很小的情况下，如果动荷载的持续时间足够长，依然会引发砂土液化。研究表明，地震动强度和持续时间与地震震级和震中距之间具有良好的一致性，因此动荷载条件在一般情况下也可以用震级和震中距表示。也就是说，砂土液化只会在一定的范围内发生，当震中距足够大时，液化的发生概率大大降低。通常认为，当震中烈度小于 6 度时，一般不会出现液化现象。

（2）土性条件

土性条件主要包括土的粒度特征、密实性和饱和度。粒度特征主要由黏粒含量、平均粒径 D_{50} 和不均匀系数 c_u 三个指标体现。从以往的地震考察资料中可以看出，土的颗粒越粗，即 D_{50} 值越大，土体的动力稳定性越高，也越不容易发生液化，液化应力比与土体平均粒径的关系如图 3-3 所示。通常，随着地震烈度的增大，土体发生液化的粒径范围也会增大。砂土的密实性包括相对密度 D_r 和孔隙比 e。相对密度越大，孔隙比越小，土体的抗液化强度也越高，发生砂土液化的可能性越小[100]。除此之外，饱和度对砂土液化也会产生重要的影响，试验表明：液化应力会随着土体饱和度的减小而增大，也就是说，饱和度越小，越不容易产生液化现象。

（3）埋藏条件

埋藏条件包括两方面因素：上覆土层的厚度和透水性。由于砂土层上部通常都存在非液化土层，因此，若使砂土层产生液化，则需要砂土层内聚集起足够的孔隙水压力来承担上覆土层的重量，而这样也增加了液化的

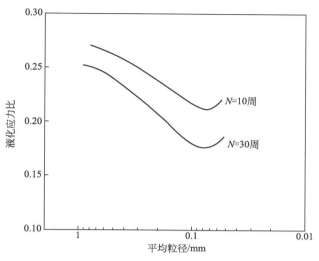

图 3-3　液化应力比与土体平均粒径的关系

难度。所以，饱和砂土层的埋深越浅，就越容易产生液化现象。相比于砂土层，当上部覆盖土层的透水性更强时，地震中聚集在砂土层的水会通过上覆土层迅速排出，而不会在砂土层形成较大的空隙水压力。相反，如果上覆土层的透水性相对较弱，则会使砂土层中的水无法排出，从而引发空隙水压力的逐渐增大，最终导致砂土液化。

（4）历史条件

历史条件主要是指场地砂土层历史上遭遇过的地震影响。相比于未遭遇过地震的砂土层来说，遭遇过地震的砂土层更难发生液化。Chih-Sheng Ku 在集集地震后通过试验得出：对于液化场地而言，历史地震会使其抗液化能力有所降低，但对于非液化场地，此种效果却则恰恰相反，因此，在历史地震影响下发生过液化，而后又被重新压密的土层更容易发生液化[101]。

除此之外，场地地质条件、地下水埋深、土体的固结程度等因素都会对砂土液化造成一定的影响，其影响机理在此不做详细介绍。

3.3　地震砂土液化耦合判别研究

针对地震砂土液化判别中存在问题的特点，本书选取灰色关联分析法和逐步判别分析法作为基础模型，提出了一种耦合判别思路，并设计和建立了耦合式砂土地震液化危害等级判别模型。

3.3.1 耦合模型原理

（1）灰色关联分析法

灰色关联分析法是一种以空间理论为基础的多因素系统分析方法。它可以通过规范性、整体性、偶对称性、接近性灰色关联四公理原则对系统的态势发展进行定量的描述和比较。灰色关联分析法的基本思想是以各因素的样本数据为依据，通过待选方案与设定的理想方案之间的关联度大小来判断待选方案的优劣程度[102,103]。关联度越大，则表示待选方案越接近于理想方案；反之，则表示该待选方案偏离理想方案。灰色关联分析法更着重于对一个系统发展变化态势提供量化的度量，更适合于动态历程分析。但是，由于灰色关联分析法是一种基于定性分析基础上的定量分析方法，因此应用于砂土液化等级的判别时，该方法的判别结果容易受到参考样本个体类型划分的影响，并且在分析过程中，该方法需要对各项指标的最优解进行确认，存在较强的主观性，所以当待判样本的液化等级与个别参考样本关联度较大，但又与整体关联趋势相违背时，就容易导致误判[104,105]。

（2）逐步判别分析法

逐步判别分析法的基本思想是每一步将一个判别能力最显著的变量引入判别函数，对已经选入的变量逐个地检验其判别能力的显著性，保留判别能力较强的显著性变量，将判别能力已不再显著的变量从判别函数中剔出，直到所有可供选择的变量中，既没有变量可以选入，也没有变量可以剔出为止[106]。与普通的判别方法相比，逐步判别分析具有计算量小、准确率高的优点，但在判别砂土液化等级过程中，不同类型的训练样本组合会影响变量的筛选，出现多个结果虽然后验概率较高、但判别类型不一致的现象，从而无法准确判定液化危害等级[107]。

3.3.2 耦合判别模型思路

针对灰色关联分析法和逐步判别分析法各自的特点以及在砂土液化判

别中存在的问题，本书将两种分析模型进行耦合。其基本思路是：

① 对待判样本和参考样本进行灰色关联分析；

② 根据关联度将参考样本对应的砂土液化等级进行排序，对参与判别的砂土液化等级进行筛选；

③ 将待判样本数据、参考样本数据和砂土液化类型数据输入，进行逐步判别分析并获得最终判别结果。

这种耦合模型的实质是先通过灰色关联分析明确参与逐步判别的液化类型范围，再将相关性较弱的砂土液化类型消除，通过逐步判别分析筛选决定性变量，从而提高计算效率和计算结果的准确性。

3.3.3　耦合判别模型构建

3.3.3.1　灰色关联分析模型

灰色关联分析中以计算待判样本与参考样本的关联度为主要目标，需经过以下几个步骤。

（1）确定参考序列和比较序列

假设液化评价样本个数为 m 个，每个样本中需考虑的评价指标为 n 个，根据灰色系统原理，比较数列可构建为：

$$x^{(1)} = \left[x^{(1)}(1), x^{(1)}(2), x^{(1)}(3), \cdots, x^{(1)}(n)\right]$$
$$x^{(2)} = \left[x^{(2)}(1), x^{(2)}(2), x^{(2)}(3), \cdots, x^{(2)}(n)\right]$$
$$x^{(3)} = \left[x^{(3)}(1), x^{(3)}(2), x^{(3)}(3), \cdots, x^{(3)}(n)\right]$$
$$\cdots$$
$$x^{(m-1)} = \left[x^{(m-1)}(1), x^{(m-1)}(2), x^{(m-1)}(3), \cdots, x^{(m-1)}(n)\right]$$
$$x^{(m)} = \left[x^{(m)}(1), x^{(m)}(2), x^{(m)}(3), \cdots, x^{(m)}(n)\right]$$

或写成 $x^{(k)} = \{x^{(k)}(i) \mid k=1, 2, \cdots, m; i=1, 2, \cdots, n\}$，其参考数列可构建为：

$$x^{(0)} = \{x^{(0)}(i) \mid i=1, 2, \cdots, n\} \tag{3-1}$$

（2）原始数列无量纲化处理

对于量纲不统一的原始数据，通常可以通过均值化法或逆化法进行无量纲化。

1）均值化法计算公式

$$x^{(i)}(k)' = \frac{x^{(i)}(k)}{\frac{1}{m}\sum_{k=1}^{m} x^{(i)}(k)} \quad (i=0,1,\cdots,n;k=1,2,\cdots,m) \quad (3\text{-}2)$$

2）逆化法计算公式

$$x^{(i)}(k)' = \frac{1}{x^{(i)}(k)}(x^{(i)}(k)\neq 0,i=0,1,\cdots,n;k=1,2,\cdots,m) \quad (3\text{-}3)$$

（3）计算差序列、最大差、最小差

计算任意时刻参考序列与比较序列之间相对应的绝对差，计算公式如下：

$$\Delta_i(k) = |x^{(0)}(k)-x^{(i)}(k)| \quad (i=1,\cdots,n;k=1,2,\cdots,m) \quad (3\text{-}4)$$

式中　$x^{(0)}$——参考序列。

在绝对差 $\Delta_i(k)$ 的基础上计算两级最大绝对差和两级最小绝对差，计算公式分别为：

$$\Delta_{\max} = \max_{i=1}^{n}\ \max_{k=1}^{m}|x^{(0)}(k)-x^{(i)}(k)| \quad (i=1,\cdots,n;k=1,2,\cdots,m)$$

$$(3\text{-}5)$$

$$\Delta_{\min} = \min_{i=1}^{n}\ \min_{k=1}^{m}|x^{(0)}(k)-x^{(i)}(k)| \quad (i=1,\cdots,n;k=1,2,\cdots,m)$$

$$(3\text{-}6)$$

（4）计算关联系数

根据已得出的两级最大绝对差 $\Delta_{\max}$ 和两级最小绝对差 $\Delta_{\min}$，采用邓氏关联度进一步计算关联系数，参考序列 $x^{(0)}$ 与比较序列 $x^{(i)}$ 在 k 时刻上的灰色关联系数 $\xi_k(i)$ 为：

$$\xi_k(i) = \frac{\min\limits_{k}\min\limits_{i}|x^{(0)}(i)-x^{(k)}(i)| + \rho\max\limits_{k}\max\limits_{i}|x^{(0)}(i)-x^{(k)}(i)|}{|x^{(0)}(i)-x^{(k)}(i)| + \rho\max\limits_{k}\max\limits_{i}|x^{(0)}(i)-x^{(k)}(i)|}$$

$$(i=1,\cdots,n;k=1,2,\cdots,m) \quad (3\text{-}7)$$

式中　ρ——分辨系数，用来控制关联空间的差异显著性，取值 $0\sim1$。

（5）计算关联度

为使计算得出的关联系数信息更为集中，更易于比较，将引入关联度来代表各时刻的关联系数之和，关联度的计算公式如下：

$$r_k = \frac{1}{n}\sum_{i=1}^{n}\xi_k(i) \quad (3\text{-}8)$$

（6）关联度排序

对计算所得的关联度进行排序，得到 $x^{(i)}$ 与 $x^{(0)}$ 的关联度序列 $R=$

$\{r_k\}$ $(k\in n)$，根据关联度的大小确定比较序列中各样本与参考序列的密切程度。

3.3.3.2　判别类型筛选

通过计算可以得出 $x^{(0)}$ 与 $x^{(i)}$ 中各数列的关联度，而 $x^{(i)}$ 中各样本的分组类型已知，因此，根据关联序列可以得到 $x^{(0)}$ 的类型关联排序数列 G_0。定义 d_G 为进入下一步逐步判别分析的输入类型数量，且 $d_G\geqslant 2$。d_G 的确定方式如下。

① 计算 $x^{(0)}$ 与 $x^{(i)}$ 关联度的算术平均值 r_p，计算公式如下：

$$r_p=\frac{1}{n}\sum_{k=1}^{n}r_k \tag{3-9}$$

② 将关联排序数列 G_0 中大于 r_p 的类型引入逐步判别分析，该类型数量值即为 d_G，其余的类型均剔除。当由此计算出的 $d_G<2$ 时，应取 $d_G=2$。

通过上述方法可以得到筛选之后的类型序列 G_p。根据该序列，筛选出 $x^{(i)}$ 中相应类型所对应的样本，组成新数列 $x^{(j)}$，$j=(1,2,3,\cdots,n)$，并将 $x^{(0)}$ 与 $x^{(j)}$ 引入逐步判别分析，从而确定 $x^{(0)}$ 的判定类型。

3.3.3.3　逐步判别分析

经过类型筛选后，类型序列 G_p 所对应的类型数量为 G'，现需对 $x^{(0)}$ 进行 G' 组判别，每组有 n'_g（g=1，2，…，G'）个已知类型样本，因此已知类型的样本总数为：$n'=n'_1+n'_2+\cdots+n'_g$。通过以下步骤对样本进行逐步判别。

（1）设经过类别筛选后的原始数据为 x_{igk}，计算各组数据平均值 $\overline{x}_{ig}$、总平均值 $\overline{x}_i$、组内离差矩阵 W 和总离差矩阵 T。

平均值和总平均值的计算公式为：

$$\overline{x}_{ig}=\frac{1}{n}\sum_{k=1}^{n_g}x_{igk}\quad(i=1,2,\cdots,m;g=1,2,\cdots,m) \tag{3-10}$$

$$\overline{x}_i=\frac{1}{N}\sum_{g=1}^{G}\sum_{k=1}^{n_g}x_{igk}\quad(i=1,2,3,\cdots,m) \tag{3-11}$$

组内离差矩阵 W 和总离差矩阵 T 的计算公式为：

$$W = (w_{ij})_{m \times m}$$

$$w_{ij} = \sum_{g=1}^{G} \sum_{k=1}^{n_g} (x_{igk} - \overline{x}_{ig})(x_{jgk} - \overline{x}_{jg}) \qquad (3-12)$$

$$T = (t_{ij})_{m \times m}$$

$$t_{ij} = \sum_{g=1}^{G} \sum_{k=1}^{n_g} (x_{igk} - \overline{x}_i)(x_{jgk} - \overline{x}_j) \qquad (3-13)$$

（2）逐步选入或剔除变量

设已进行了 l 步计算，已选入 g 个变量 x_{i1}，x_{i2}，$\cdots$，x_{ig}，此时已有 $W^{(l)}$ 和 $T^{(l)}$，在第 $l+1$ 步中应首先计算全部变量的判别能力，包括对未入选变量和已入选变量的计算，公式如下。

未入选变量：

$$\Lambda_{i(g)} = w_{ii}^{(l)} / t_{ii}^{(l)}, \quad i \neq i1, i2, \cdots, ig \qquad (3-14)$$

已入选变量：

$$\hat{a}_i^{(r)} = (n-k)[w_{i1}^{(l)} \overline{x}_{i1}^{(r)} + w_{i2}^{(l)} \overline{x}_{i2}^{(r)} + \cdots + w_{ig}^{(l)} \overline{x}_{ig}^{(r)}] \quad i = i1, i2, \cdots, ig \qquad (3-15)$$

其次，判断已入选变量是否应被剔除，相应的 x_r 为判别能力最低者，应做剔除 x_r 的 F 检验，公式如下：

$$F[k-1, n-k-(g-1)] = \frac{1-\Lambda_{r(g-1)}}{\Lambda_{r(g-1)}} \cdot \frac{n-k-(g-1)}{k-1} \qquad (3-16)$$

若 x_r 判别能力不显著，即 $F \leqslant F_a$，则将该变量剔除，若显著，则进入下一步计算。此外，还应考察新选入变量，选出判别能力最强的变量 x_r 并进行检验，公式如下：

$$F(k-1, n-k-g) = \frac{1-\Lambda_{r(g)}}{\Lambda_{r(g)}} \cdot \frac{n-k-g}{k-1} \qquad (3-17)$$

若 x_r 的判别能力显著，则对 $W^{(l)}$ 和 $T^{(l)}$ 进行变换；若不显著，则重复上述步骤。当既无新变量可以引入，也无变量可以剔除时，逐步辨别过程结束，此时通过 $W^{(l)}$ 计算判别系数并得出判别公式。

（3）计算判别系数

若变量筛选在第 l 步结束，且已入选的变量为 x_{i1}，x_{i2}，$\cdots$，x_{ig}，应按下述步骤进行计算。

1）根据 $W^{(l)}$ 计算判别系数，计算公式如下：

$$\hat{a}_i^{(r)} = (n-k)\left[w_{i1}^{(l)}\overline{x}_{i1}^{(r)} + w_{i2}^{(l)}\overline{x}_{i2}^{(r)} + \cdots + w_{ig}^{(l)}\overline{x}_{ig}^{(r)}\right] \quad i = i1, i2, \cdots, ig$$

$$(3\text{-}18)$$

$$\hat{a}_0^{(r)} = \ln q_r - \frac{1}{2}\left(\hat{a}_{i1}^{(r)}\overline{x}_{i1}^{(r)} + \hat{a}_{i2}^{(r)}\overline{x}_{i2}^{(r)} + \cdots + \hat{a}_{ig}^{(r)}\overline{x}_{ig}^{(r)}\right) \qquad (3\text{-}19)$$

式中　$r = 1, 2, \cdots, k$；

$\overline{x}_{i1}^{(r)}$——在 r 类中入选变量 x_{ig} 的均值；

q_r——先验概率。

2）对已选入的变量进行判别效果检验。采用 $-\left[n'-1-r+G'/2\right]$ $\ln \Lambda_r \sim \chi^2\left[r(G'-1)\right]$ 对总体 G' 的判别效果进行检验，根据 Λ_r 对应的 F 近似式对已选入的变量进行显著性检验，对任意两组 l 和 f 的判别计算如下：

$$F_{lf}(g, n-k-g+1) = \frac{(n-k-g+1)n_l n_f}{(n-k)g(n_l+n_f)} \cdot D_{lf}^2 \sim F(g, n, n-k-g+1)$$

$$D_{lf}^2 = \sum_{i=r}(c_{il} - c_{if})(\overline{x}_{il} - \overline{x}_{if}) \qquad (3\text{-}20)$$

式中　D_{lf}^2——组 l 和 f 间的马氏距离，若 $F_{lf} > F_\alpha$，则表示两个组 l 和 f 的判别效果较好。

（4）判别分类

若对 r 个变量的判别效果显著，则可通过以下判别函数对待判样本中任意个体 $x(x_1, x_2, \cdots, x_r)$ 进行逐个判别归类。

$$\hat{u}_r(x_{i1}, x_{i2}, \cdots, x_{ig}) = \hat{a}_0^{(r)} + \hat{a}_{i1}^{(r)}x_{i1} + \hat{a}_{i2}^{(r)}x_{i2} + \cdots + \hat{a}_{ig}^{(r)}x_{ig} \quad (3\text{-}21)$$

若 $U_h(x) = \max_{1 \leqslant g \leqslant G}\{U_g(x)\}$，则应把 x 归为第 h 组，然后计算其后验概率 $P(h/x)$，计算公式如下：

$$P(h/x) = \frac{\mathrm{e}^{U_h(x)}}{\sum\limits_{g=1}^{G'}\mathrm{e}^{U_h(x)}} \qquad (3\text{-}22)$$

3.4　实例验证

3.4.1　判别指标的选取

砂土液化中各影响因素之间呈现出高度的非线性关系。通过 3.2 节中对砂土液化影响因素的总结研究，并结合数据资料的代表性和易获性，从三个方面共选取 7 个参数作为砂土液化的判别指标，这些参数如下。

① 描述动荷条件的参数：震级 M，地面加速度最大值 g_{max}。

② 描述砂土自身特性的参数：比贯入阻力 P_s，标准贯入击数 $N_{63.5}$，平均粒径 D_{50}，相对密实度 D_r。

③ 描述土层埋藏环境的参数：地下水位 d_w。

同时参考行业规范，将砂土液化等级分为无液化（Ⅰ）、轻微液化（Ⅱ）、中等液化（Ⅲ）和严重液化（Ⅳ）四个等级，等级划分标准描述见表 3-1。

表 3-1　砂土液化等级划分标准

液化等级	无液化（Ⅰ）	轻微液化（Ⅱ）	中等液化（Ⅲ）	严重液化（Ⅳ）
地面喷水冒砂情况	无喷冒，地基稳定	零星喷水冒砂	发生中等程度的喷水冒砂，持续时间短，喷冒量小，范围小	发生严重的喷水冒砂现象，持续时间长，喷冒量大，范围广
结构破坏情况	没有沉陷，地基上部结构稳定	没有沉陷，液化危害小	地面沉降量小于砂层厚度 3%，结构出现破坏	地面开裂、下沉，地面沉降量大于砂层厚度 3%，结构严重破坏

3.4.2　模型的构建与计算

1976 年唐山地震中，各烈度区都出现了大量不同程度的砂土液化现象。许多地区在喷砂冒水孔附近还出现了直径在 3～4m 的凹陷坑。1997 年广东三水地区发生 4.4 级地震，震中烈度为Ⅵ度。此次地震虽然震级不高，但砂土液化非常严重，是我国地震历史上少有的震级小、烈度高、破坏严重的地震。

本书选择了唐山大地震和广东省三水地震震害实例中的 25 组调查数据作为样本数据，其中 x1～x5 为待判样本，其余 20 组数据为判别模型的参考样本[89]，数据资料见表 3-2。

表 3-2　砂土液化原始数据

序号	M	g_{max}	P_s	$N_{63.5}$	D_{50}	D_r	d_w	实际等级
x1	6.1	0.2	1.2	8	0.22	0.25	1	I
x2	5.8	0.25	2.31	11	0.18	0.3	1.5	I
x3	4.2	0.15	0.75	8	0.18	0.4	0.6	II
x4	6.4	0.2	17.3	36	0.1	0.85	2.5	IV
x5	5.6	0.2	17.12	42	0.05	0.8	2.4	IV
1	2.3	0.1	9.18	15	0.3	0.3	1.6	III
2	3.5	0.1	15.33	30	0.28	0.6	3	IV
3	4.7	0.15	0.94	7	0.07	0.2	0.8	I
4	5.2	0.15	4.78	10	0.13	0.3	1.3	II
5	4.2	0.1	4.85	11	0.2	0.35	1.8	II
6	5	0.15	11.36	24	0.1	0.6	2.1	III
7	6.3	0.2	9.57	17	0.17	0.55	3.2	III
8	7.3	0.2	6.21	19	0.05	0.33	1.7	II
9	8.4	0.25	7.8	15	0.12	0.4	0.9	II
10	7.6	0.25	3.43	9	0.13	0.3	1.2	I
11	4.2	0.05	9.82	19	0.04	0.65	1.1	III
12	4.2	0.1	15.87	14	0.1	0.55	1	III
13	4.2	0.1	17.32	46	0.04	0.7	2	IV
14	4.3	0.15	6.94	16	0.17	0.3	2.2	III
15	6.1	0.2	3.45	8	0.15	0.25	1	I
16	4.2	0.5	16.76	32	0.1	0.5	2.5	IV
17	4.2	0.5	15.41	39	0.09	0.65	2.2	IV
18	4.2	0.5	9.61	17	0.25	0.55	2	III
19	4.2	0.1	4.85	11	0.2	0.35	1.8	II
20	4.2	0.1	5.62	13	0.03	0.5	1.2	III

（1）灰色关联分析

本书在进行灰色关联计算时，取关联系数 $\rho = 0.4$。对 x1～x5 与 1～20 号数据分别进行关联度计算，得到相应的砂土液化等级关联度排序，计算结果见表 3-3。

表 3-3 待判样本的关联度排序结果

x1		x2		x3		x4		x5	
液化类型	关联度	液化类型	关联度	液化类型	关联度	液化类型	关联度	液化类型	关联度
Ⅰ	0.9080	Ⅰ	0.8303	Ⅰ	0.8181	Ⅳ	0.7417	Ⅳ	0.7916
Ⅰ	0.7867	Ⅰ	0.8085	Ⅱ	0.7806	Ⅳ	0.7060	Ⅳ	0.7110
Ⅰ	0.7716	Ⅱ	0.8051	Ⅱ	0.7806	Ⅳ	0.7027	Ⅳ	0.6812
Ⅱ	0.7564	Ⅱ	0.7627	Ⅱ	0.7634	Ⅲ	0.7020	Ⅲ	0.6766
Ⅱ	0.7044	Ⅱ	0.7627	Ⅰ	0.7599	Ⅲ	0.6677	Ⅱ	0.6383
Ⅱ	0.7044	Ⅲ	0.7351	Ⅲ	0.7509	Ⅲ	0.6385	Ⅲ	0.6162
Ⅱ	0.6694	Ⅱ	0.6986	Ⅲ	0.7116	Ⅳ	0.6206	Ⅲ	0.6083
Ⅲ	0.6659	Ⅱ	0.6916	Ⅰ	0.6996	Ⅱ	0.5890	Ⅳ	0.6022
Ⅱ	0.6648	Ⅰ	0.6830	Ⅲ	0.6896	Ⅰ	0.5866	Ⅲ	0.6010
Ⅲ	0.6482	Ⅲ	0.6625	Ⅱ	0.6786	Ⅲ	0.5761	Ⅲ	0.5709
Ⅲ	0.6252	Ⅲ	0.6584	Ⅲ	0.6246	Ⅱ	0.5660	Ⅲ	0.5603
Ⅲ	0.6208	Ⅲ	0.6371	Ⅲ	0.6242	Ⅱ	0.5602	Ⅰ	0.5516
Ⅲ	0.6093	Ⅲ	0.5824	Ⅲ	0.6207	Ⅰ	0.5528	Ⅱ	0.5497
Ⅲ	0.5589	Ⅲ	0.5757	Ⅲ	0.6172	Ⅲ	0.5505	Ⅰ	0.5414
Ⅲ	0.5559	Ⅲ	0.5732	Ⅱ	0.6077	Ⅰ	0.5199	Ⅱ	0.5147
Ⅲ	0.5517	Ⅲ	0.5415	Ⅲ	0.5960	Ⅲ	0.5161	Ⅲ	0.5141
Ⅳ	0.4855	Ⅳ	0.4885	Ⅳ	0.5451	Ⅲ	0.5099	Ⅱ	0.5054
Ⅳ	0.4517	Ⅳ	0.4701	Ⅳ	0.5406	Ⅱ	0.5078	Ⅱ	0.5054
Ⅳ	0.4499	Ⅳ	0.4676	Ⅳ	0.5398	Ⅱ	0.5078	Ⅰ	0.5029
Ⅳ	0.4325	Ⅳ	0.4641	Ⅳ	0.5055	Ⅲ	0.4704	Ⅲ	0.4657

（2）筛选判别类型

待判样本与参考样本之间的关联度计算完成后，进行判别类型的筛
选。本书中选取关联度的算术平均值 r_p 作为类型筛选关联度的阈值。以
待判样本 x1 为例，表 3-3 中与之对应的关联度算术平均值 $r_p = 0.6311$，
因此，在 x1 的关联度排序数列 G_{01} 中，关联度大于 0.6311 的类型将被引
入下一步逐步判别分析中，其余的类型将被舍弃。通过该方法得到 x1 的
判别类型为 Ⅰ、Ⅱ、Ⅲ。同理，可以对 x2～x5 样本的判别类型进行筛选，
计算结果见表 3-4。

表 3-4　待判样本的类型筛选结果

样本	关联度平均值	类型筛选
x1	0.6311	Ⅰ、Ⅱ、Ⅲ
x2	0.6449	Ⅰ、Ⅱ、Ⅲ
x3	0.6627	Ⅰ、Ⅱ、Ⅲ
x4	0.5896	Ⅲ、Ⅳ
x5	0.5854	Ⅱ、Ⅲ、Ⅳ

（3）逐步判别分析

样本的判别类型经筛选后，与样本相关性较强的液化等级已确定，可以进行逐步判别分析。以 x1 为例说明，将 $M(u_1)$、$g_{max}(u_2)$、$P_s(u_3)$、$N_{63.5}(u_4)$、$D_{50}(u_5)$、$D_r(u_6)$、$d_w(u_7)$ 作为输入变量，相关类型 Ⅰ (V_1)、Ⅱ (V_2)、Ⅲ (V_3) 作为输出变量，选取 1～20 号样本中液化等级为以上 3 种的数据进行计算，建立逐步判别模型并给定显著水平 $\alpha = 0.05$。经过逐步判别分析后，选定 M（u_1）和 $N_{63.5}$（u_4）作为分类变量建立判别函数。

$$V_1 = \ln \frac{1}{2} + 3.898\,u_1 + 0.046\,u_4 - 13.700 = 6.885$$

$$V_2 = \ln \frac{1}{2} + 2.448\,u_1 + 0.8\,u_4 - 11.697 = 5.081$$

$$V_3 = \ln \frac{1}{2} + 0.399\,u_1 + 1.473\,u_4 - 14.446 = -0.921$$

由计算结果可看出 V_1 最大，因此确定样本 x1 的砂土液化类型为 Ⅰ 类，后验概率为 0.8583。同理，完成其余待判样本的液化类型判别，判别结果见表 3-5。

表 3-5　逐步判别分析结果

样本	分类变量	判别类型	后验概率
x1	M、$N_{63.5}$	Ⅰ	0.8583
x2	M、$N_{63.5}$	Ⅰ	0.6904
x3	M、$N_{63.5}$	Ⅱ	0.6701
x4	$N_{63.5}$	Ⅳ	1
x5	M、$N_{63.5}$	Ⅳ	1

3.4.3 验证分析

本书分别采用 BP 神经网络法、灰色关联理论和逐步判别分析方法对样本的砂土液化等级进行了判别，并与耦合模型分析结果进行了对比，对比结果见表 3-6。

表 3-6　判别结果的对比与验证

样本	实际类型	BP 神经网络	灰色关联分析	逐步判别分析	耦合模型分析
x1	Ⅰ	Ⅰ	Ⅰ	Ⅰ	Ⅰ
x2	Ⅰ	Ⅰ	Ⅰ	Ⅱ	Ⅰ
x3	Ⅱ	Ⅰ	Ⅰ	Ⅱ	Ⅱ
x4	Ⅳ	Ⅲ	Ⅳ	Ⅳ	Ⅳ
x5	Ⅳ	Ⅳ	Ⅳ	Ⅲ	Ⅳ

从对比结果中可以看出，灰色关联分析的判别准确率为 80%，逐步判别分析与 BP 神经网络法的准确率均为 60%，本书采用的耦合判别模型准确率为 100%。

使用 BP 神经网络方法判别时结果具有不确定性和随机性，不能保证每一次运算都可以得到较好的判别结果。

在单独使用灰色关联方法判别时，样本 x3 出现了误判，分析原因可知，由于该方法在判别时需要对各项指标的最优值进行现行确认，主观性较强，从而使判别结果受到了最大关联度的干扰，在无液化（Ⅰ）和轻微液化（Ⅱ）两个等级之间出现了误判。单独使用逐步判别方法时，选取 1～20 号数据作为训练样本建立计算模型，并采用了多组判别类型组合作为输出变量，以 x2 为例，从判别结果中得可以看出，在所有对 x2 误判的判别函数中，都引入了 P_s 作为判别变量，所对应的训练样本均包括了轻微液化（Ⅱ）的样本数据，说明类型为轻微液化（Ⅱ）的样本对 x2 的逐步判别起到了干扰作用。

本书采用耦合模型的判别结果与实际砂土液化等级完全一致，该模型通过对待判样本和参考样本进行灰色关联分析和类别筛选，选出具有较强相关类型的样本数据进行逐步判别分析。灰色关联模型和逐步判别模型单独使用时，分别在样本 x3 和 x2 出现了误判，而使用耦合模型时，这两组样本判别结果的后验概率也相对较低，经分析可以得出，一方面这两组样本数据所对应的实际场地的砂土液化程度介于无液化（Ⅰ）和轻微液化（Ⅱ）两个等级之间，但更倾向于判别所得到的液化等级；另一方面说明该耦合模型在判别过程中既消除了相关性较弱因素的影响，又保证了参考数据所反映出的变化态势和各判别指标对判别作用的显著性，从而在保证计算结果的准确性的基础上提高了计算效率。

3.5　本章小结

地震砂土液化判别是建设用地抗震适宜性中的重要环节，由于砂土液化成因复杂，因此相关的研究结论也不尽相同。本章对不同研究者们提出的各类砂土液化定义和物理机制进行了总结，并根据液化震害资料和室内外试验对影响砂土液化因素进行了分析。

本章在对国内外砂土液化判别方法总结的基础上，对目前几种常用的液化判别方法进行了评析。通过分析可以看出，确定性判别方法的应用较广，但考虑的因素少，其评价结果不具有概率意义；以模糊数学为基础的单一评价方法存在赋权随意性、计算结果不稳定等问题；而基于数学和力学严格分析的动力反应法，在计算上过于复杂，不适用于实际工程。

针对液化判别中存在的问题，根据砂土液化实测震害资料，通过分析灰色关联方法和逐步判别方法的优缺点，本章提出了以两者为基础的耦合式判别模型。该模型可以削弱因单一依靠最大关联度和判别变量而对判别结果造成的不良影响，从待判样本与参考样本之间的相关性出发对砂土液化等级进行判别，并对各评判等级的后验概率进行计算，从而为工程中液化分级提供依据。经实例分析验证，该耦合模型对于砂土液化等级的判别具有较高的准确性和良好的实用性。

第 4 章

区域软土震陷评估的条件广义方差极小-盲数耦合分析研究

4.1　引言

作为地震小区化和场地防灾适宜性评价中重要的基础工作之一，软土震陷量估计和区域地基土震陷等级评价研究在场地整体风险决策分析中有重要的意义。

软土是指在淡水或咸水中沉积而成且天然含水量大于液限的细粒土。软土具有松软、空隙比大、天然含水量高、压缩性高、渗透性小等特点。软土震陷是指软土层在地震作用下发生的永久性附加沉降，包括均匀震陷和不均匀震陷。震陷主要由两部分组成：一部分是土体在循环荷载作用下发生软化，致使静荷载偏应力在不排水条件下所产生的附加永久变形；另一部分是在循环荷载作用下不断增加的孔隙水压力在震后逐渐消散过程中土体所产生的再固结变形[108-113]。

软土震陷是引起地基失效的主要原因，也是判断工程结构是否最终丧失功能的重要指标之一。震陷会对各类建筑结构造成很大的危害，唐山大地震中，天津塘沽地区出现了大范围由软土震陷引发的建筑物地基震陷现象，其中一栋地基为软黏土的 4 层住宅楼突然下沉，最大下沉量达 25cm；汉沽化肥厂泵房地面下沉 38cm，造成地下管线连接部位断裂[114]。1985年墨西哥大地震中，软土地区发生严重震陷，造成很多建筑物的倾斜、下沉，甚至翻倒；2011 年新西兰地震中，同样发生了许多类似的破坏，图 4-1 为震陷导致的桥梁出现严重破坏现象。

图 4-1　新西兰地震中桥梁震陷破坏

软土震陷的危害性已在许多地震中被证实,但关于软土震陷的研究,国内外相关资料较少,远没有达到工程应用的水平。在我国,软土震陷的危险等级评定和相关的抗震措施在相关的规范条文中也没有明确的规定。

目前软土震陷判别和震陷量计算方法都有较高的精确度,但也存在着一些问题。

① 由于基于传统土结构模型的计算十分复杂,因此在震陷计算中一般假设软土土体为均匀连续介质,没有考虑其结构性和介质不连续的影响,从而使得在这种假设下的变形计算模型存在一定的局限性。

② 目前对于软土震陷量的计算中,大多参数都是通过动三轴试验得到的,并且计算参数较多,计算公式十分复杂,有些参数更是需要大量的试验才能获得,因此这些方法在实际工程中的普遍适用性会受到很大的影响。

③ 目前大部分研究只针对软土地区内某一建筑物的地基土震陷量展开,关于场地区域内地基土震陷危险性综合评估方面的研究却很少,根据建设用地抗震适宜性评价的要求,需要建立软土震陷评估体系,可以较为简单地对某一场地区域的软土震陷危险等级进行划分,从而更好地为工程服务。

4.2　区域软土震陷危险性评估研究

针对软土震陷判别计算中存在的问题,综合考虑城市建设用地抗震适宜性评价的需要,结合条件广义方差极小法与盲数理论各自的特点,本书提出了一种以两种分析模型为基础的耦合区域软土震陷危险性评估方法。

4.2.1　耦合评估模型基本原理

软土震陷的影响因素很多,而且各因素之间还存在着较高的相关性,因此在有些计算模型中会对各因素的信息重复使用,从而降低了评价模型的合理性。在多维随机条件下,条件广义方法可以反映出当某一变量取值确定时,其他变量的分散程度。而广义方差则可以对多维随机变量的整体分散程度进行衡量，并且最终利用广义方差计算出输入变量和输出变量之间的相关程度。

条件广义方差极小法的基本思想是当从多个指标中选取一个指标来评价某事物时，该指标无法反映出全部评价信息，反应不完全的部分就是该指标作为代表产生的误差，计算中所选取的一个或若干个指标代表性越强，产生的误差就越小[115-117]。

盲信息是指包含灰性、模糊性、随机性和未确知性等不确定性的复杂信息。常用的数学方法只能对单一的未确知信息进行处理，但可以全面反应事物本质特征的客观信息往往都是多元的，并具有多种未知性，而非单独存在。在运算一致的条件下，可以将两种或多种不确定信息进行综合处理和表达的数学方法即为盲数理论[118-120]。

4.2.2　耦合模型评估思路

本书中将两种分析模型进行耦合，其基本思路是：在分析实际震陷资料的基础上，首先通过广义方差极小法在影响软土地基震陷量的众多因素中筛选出具有一定代表性的关键因素；然后，采用完全二次项回归方法拟合出各关键影响因素与震陷量之间的计算关系；最后根据盲数理论计算震陷量的可能值与可信度，从而实现区域软土震陷等级评价，评估流程如图 4-2 所示。

4.2.3　耦合评估模型构建

4.2.3.1　条件广义方差极小法

根据统计分析原理，包含 p 个

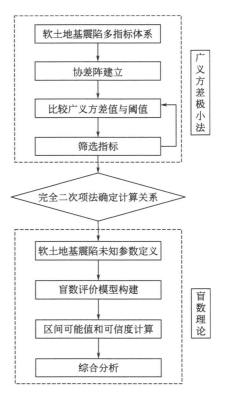

图 4-2　区域地基震陷量评估流程图

指标 $x_i(i=1,2,\cdots,p)$ 的 n 组观察数据，可称为 n 个样本，全部数据对应的矩阵 X 可表示为：

$$X = \begin{bmatrix} x_{11} & x_{12} & \cdots & x_{1p} \\ x_{21} & x_{22} & \cdots & x_{2p} \\ \vdots & \vdots & \vdots & \vdots \\ x_{n1} & x_{n2} & \cdots & x_{np} \end{bmatrix} \tag{4-1}$$

根据 X 中的数据，可以计算出 x_i 的均值、方差以及 x_i 与 x_j 之间的协方差，相应的表达式如下。

均值：

$$\overline{x}_i = \frac{1}{n}\sum_{a=1}^{n} x_{ai}, i=1,2,\cdots,p \tag{4-2}$$

方差：

$$s_{ii} = \frac{1}{n}\sum_{a=1}^{n}(x_{ai}-\overline{x}_i)^2, i=1,2,\cdots,p \tag{4-3}$$

协方差：

$$s_{ij} = \frac{1}{n}\sum_{a=1}^{n}(x_{ai}-\overline{x}_i)(x_{aj}-\overline{x}_j), i\neq j, i,j=1,2,\cdots,p \tag{4-4}$$

将 s_{ii}、s_{ij} 组成的矩阵

$$\mathop{S}\limits_{p\times p} = (s_{ij}) \tag{4-5}$$

上式称为样本的协方差矩阵。用 S 的行列式 $|S|$ 来反映 p 个指标的变化情况，并称 $|S|$ 为广义方差。当 $x_1,x_2,\cdots,x_p$ 相互独立时，$|S|$ 达到最大值；当 $x_1,x_2,\cdots,x_p$ 线性相关时，$|S|$ 的值为 0。因此，当 $x_1,x_2,\cdots,x_p$ 既不独立又不相关时，$|S|$ 的大小可以反映出其内部的相关程度。

将 $\mathop{S}\limits_{p\times p} = (s_{ij})$ 分块表示，也就是将 p 个指标分为 $(x_1,\cdots,x_{p'})$ 和 $(x_{p_1+1},\cdots,x_p)$，分别记为 $x_{(1)}$ 与 $x_{(2)}$，即：

$$x = \begin{bmatrix} x_1 \\ x_2 \\ \vdots \\ x_p \end{bmatrix} = \begin{bmatrix} x_{(1)} \\ x_{(2)} \end{bmatrix} \tag{4-6}$$

$$S = \begin{bmatrix} \begin{pmatrix} s_{11} & s_{12} \\ s_{21} & s_{22} \end{pmatrix} \end{bmatrix} \tag{4-7}$$

$x_{(1)}$ 为 $1 \times P_1$ 维矩阵，$x_{(2)}$ 为 $1 \times P_2$ 维矩阵，$P_1 + P_2 = P$。s_{11}、s_{12} 分别为 $x_{(1)}$、$x_{(2)}$ 的协方差，当给定 $x_{(1)}$ 后，$x_{(2)}$ 对 $x_{(1)}$ 的条件协方差阵可以表示为：

$$S(x_{(2)} | x_{(1)}) = s_{22} - s_{21} s_{11}^{-1} s_{12} \tag{4-8}$$

式(4-8)表示当 $x_{(1)}$ 已知时，$x_{(2)}$ 的变化情况。

若已知 $x_{(1)}$ 后，$x_{(2)}$ 的变化很小，则说明 $x_{(2)}$ 所能反映出的信息大部分在 $x_{(1)}$ 中已有体现，那么 $x_{(2)}$ 就可以被删除。此时 $S(x_{(2)} | x_{(1)})$ 的数值作为识别 x_p 是否应删去的量，记为 t_p。同理，可以将 x_i 看作 $x_{(2)}$，剩余的 $p-1$ 个看作 $x_{(1)}$，通过式(4-8)计算，计算结果记为 t_i。确定一个阈值 γ，比较 t_1，t_2，$\cdots$，t_p 与 γ 的大小关系。删除小于阈值 γ 的广义方差值相对应的评价指标，保留大于阈值 γ 的指标，逐个检查

$$t_i < \gamma, \quad i = 1, 2, \cdots, p \tag{4-9}$$

是否成立。重复上述过程，直到筛选出最具有代表性的指标集[121,122]。

4.2.3.2 盲数理论

(1) 盲数的定义[123]

设 $\alpha_i \in g(I)$，$\alpha_i \in [0, 1]$，$i = 1, 2, \cdots, n$，函数 $f(x)$ 为定义在 $g(I)$ 上的灰函数，且

$$f(x) = \begin{cases} \alpha_i & (x = \alpha_i, \ i = 1, 2, \cdots, n) \\ 0 & （其他） \end{cases} \tag{4-10}$$

当 $i \neq j$ 时，有 $\alpha_i \neq \alpha_j$，且 $\sum\limits_{i=1}^{n} \alpha_i = \alpha \leqslant 1$，则称函数 $f(x)$ 为一个盲数。其中，α_i 为 $f(x)$ 的 α_i 值的可信度，α 为 $f(x)$ 的总可信度，n 为 $f(x)$ 的阶数。

可以看出，盲数的实质是定义域为 $g(I)$，函数值在 $[0, 1]$ 的灰函数。根据定义，其分布如图4-3所示。

(2) 盲数的运算[124]

盲数的运算主要包括可能值和可信度两方面的计算，令 * 代表 $g(I)$ 中的一种运算，可以为加、减、乘、除中的一种。

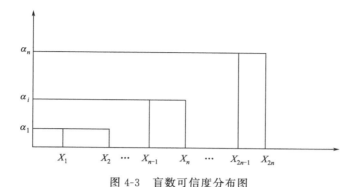

图 4-3　盲数可信度分布图

设盲数 A、B 分别为：

$$A = f(x) = \begin{cases} \alpha_i & (x = x_i, i = 1, 2, \cdots, m) \\ 0 & \text{(其他)} \end{cases}$$

$$B = g(y) = \begin{cases} \beta_j & (y = y_j, j = 1, 2, \cdots, n) \\ 0 & \text{(其他)} \end{cases}$$

则 $C = A^* B$ 的运算结果仍为一个盲数。其中，x_1，x_2，$\cdots$，x_m 和 y_1，y_2，$\cdots$，y_n 分别为 A 与 B 的可能值序列；α_1，α_2，$\cdots$，α_m 和 β_1，β_2，$\cdots$，β_n 分别为 A 与 B 的可信度序列。则

$$\begin{bmatrix} x_1 * y_1 & x_1 * y_2 & \cdots & x_1 * y_j & \cdots & x_1 * y_n \\ x_2 * y_1 & x_2 * y_2 & \cdots & x_2 * y_j & \cdots & x_2 * y_n \\ \vdots & \vdots & \vdots & \vdots & \vdots & \vdots \\ x_i * y_1 & x_i * y_2 & \cdots & x_i * y_j & \cdots & x_i * y_n \\ \vdots & \vdots & \vdots & \vdots & \vdots & \vdots \\ x_m * y_1 & x_m * y_2 & \cdots & x_m * y_j & \cdots & x_m * y_n \end{bmatrix}$$

称为 A 关于 B 的可能值 * 矩阵。

$$\begin{bmatrix} \alpha_1 * \beta_1 & \alpha_1 * \beta_2 & \cdots & \alpha_1 * \beta_j & \cdots & \alpha_1 * \beta_n \\ \alpha_2 * \beta_1 & \alpha_2 * \beta_2 & \cdots & \alpha_2 * \beta_j & \cdots & \alpha_2 * \beta_n \\ \vdots & \vdots & \vdots & \vdots & \vdots & \vdots \\ \alpha_i * \beta_1 & \alpha_i * \beta_2 & \cdots & \alpha_i * \beta_j & \cdots & \alpha_i * \beta_n \\ \vdots & \vdots & \vdots & \vdots & \vdots & \vdots \\ \alpha_m * \beta_1 & \alpha_m * \beta_2 & \cdots & \alpha_m * \beta_j & \cdots & \alpha_m * \beta_n \end{bmatrix}$$

称为 A 关于 B 的可信度积矩阵。

这里，A 与 B 的可能值 * 矩阵中的元素 x_i * y_j 与可信度积矩阵中的 α_i * β_j 称为相应元素，其所在位置称为相应位置。

将 A 与 B 的可能值 * 矩阵中的元素从小到大排列：z_1，z_2，$\cdots$，z_k，其中相同元素作为一个。将可信度积矩阵中相应 S_i 个位置上的元素之和记为 r_i，可得序列：$r_1, r_2, \cdots, r_k$。则有：

$$C = A * B = f(x) * g(y) = \begin{cases} r_i & (z = z_i, \ i = 1, 2, \cdots, k) \\ 0 & \text{（其他）} \end{cases} \quad (4\text{-}11)$$

（3）盲数均值

设 a，b 为实数且 $a \leqslant b$。称 $(a+b)/2$ 为有理灰数 $[a, b]$ 的心，记为：

$$\Theta[a, b] = (a+b)/2$$

设盲数

$$f(x) = \begin{cases} \alpha_i & (x = x_i, \ i = 1, 2, \cdots, m) \\ 0 & \text{（其他）} \end{cases}$$

其中，$x_i \in g(I)$，$0 < \alpha_i \leqslant 1 (i = 1, 2, \cdots, m)$，$\sum\limits_{i=1}^{m} \alpha_i = \alpha \leqslant 1$，称一阶未确知有理数 $Ef(x) = \begin{cases} \alpha, \ x = \dfrac{1}{\alpha}\left(\Theta \sum\limits_{i=1}^{m} \alpha_i x_i\right) \\ 0 \qquad \text{（其他）} \end{cases}$ 为盲数 $f(x)$ 的均值。

它体现了盲数 $f(x)$ 的平均取值。

4.3 实例验证

地基土震陷是一个复杂的过程，具有影响因素多、随机性大的特点。本书结合已有的研究成果，收集了唐山地震和海城地震中的 22 组震软土震陷实例作为分析样本，见表 4-1[125]。

软土地基震陷主要与三方面因素有关。

① 地震动方面：包括地震震级、地震烈度、地面峰值加速度、震中距等；

② 上部结构特征方面：包括结构类型、层数、平面布置、荷载大小、基础类型、基础尺寸及埋深等；

表 4-1　地基土震陷量

序号	地震烈度	长高比	基地平均压力/kPa	宽深比	相对密度	地下水位/m	软土厚度/m	震陷量/cm
1	7	4	160	0.48	0.45	1.35	0.8	12.04
2	6	3.9	75	0.42	0.55	1.5	1.2	12.44
3	6	3.6	65	1.63	0.55	1.5	1.5	10.3
4	6	1.3	112	1.15	0.45	2.9	1.5	8.35
5	7	2.1	90	1.85	0.6	2.5	0.8	5.8
6	8	4	85	0.5	0.58	3	1.8	14.94
7	7	1.8	120	0.57	0.51	1	1.1	12.43
8	6	3.9	75	0.42	0.55	1.5	1	11.1
9	6	1.7	110	1.38	0.65	2.5	2.2	4.64
10	6	2.3	60	0.82	0.62	1	2.6	18.98
11	6	4	160	0.48	0.45	1.35	0.3	7.33
12	6	3.6	65	1.63	0.55	1.5	0.7	4.55
13	7	6.8	130	1.12	0.53	1	1.3	13.17
14	7	2.1	90	1.85	0.6	2.5	1.2	4.02
15	6	2.3	60	0.82	0.62	1	1.3	11.84
16	8	1.8	120	0.57	0.51	1	1.1	12.32
17	6	2.9	140	0.5	0.45	2.5	0.6	12.74
18	6	2.9	140	0.5	0.45	2.5	1.1	15.78
19	7	1.2	53	2.16	0.45	1	1.5	9
20	6	2	60	1.68	0.55	2	2.2	7.32
21	6	4	21	0.62	0.36	1.3	1.3	12.14
22	6	6.8	130	1.12	0.53	1	1	10.7

③ 地基软土土性方面：包括厚度、粒度、级配、密实度、承载力、地下水埋藏条件等。

本书从以上三方面共选取了 7 个参数作为初选评价指标，这些参数包括：地震烈度、长高比、基底平均压力、宽深比（对于刚度大、基础密集的住宅或办公楼，取房屋宽度；对于刚度小、基础间相互影响不大的单层厂房，取基础宽度；中间类型的建筑物，宽度取上述两者的相近值）、相对密度、地下水位、软土厚度。

4.3.1　指标筛选

根据表 4-1 中的数据建立矩阵 X，采用广义方差极小法进行计算，通

过计算得出 $t(1, 7)=[0.1029, 0.1254, 0.0968, 0.2316, 0.0139,$ $0.1381, 0.1832]$，根据计算结果筛选出 3 个相关性较强的指标，分别是宽深比、地下水位和软土厚度。

4.3.2　计算关系拟合

通过完全二次项回归方法拟合出宽深比（S）、地下水位（d）、软土厚度（H）三个变量与地基土震陷量（D）之间的计算关系，关系式如下：

$$D=4.970-8.312S+1.394d+3.212H-3.948S^2-0.088d^2$$
$$-1.534H^2+6.228Sd+14.606SH+1.751dH-7.813SdH$$

$$(4\text{-}12)$$

从计算结果中可以看出，宽深比、地下水位、软土厚度三个变量与地基土震陷量之间的拟合关系良好，见图 4-4（彩色版见书后彩插）。平均相对误差为 5.4%，相关系数 $R^2=0.9827$。因此，当其他参数在实际工程中无法获得时，可以根据宽深比、地下水位和软土厚度对地基土震陷量进行预测，并以此计算关系为基础进行下一步区域震陷评估。

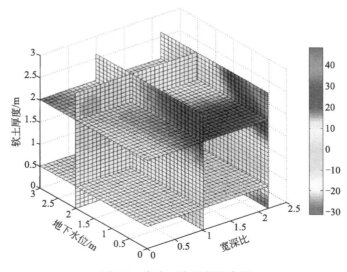

图 4-4　完全二次回归拟合图

4.3.3　区域软土地基震陷评估

（1）计算流程

软土地基震陷区域性盲数评估中首先假设地基土震陷量为一盲数，其计算步骤是：首先定义式（4-12）中各参数为未确知数，并基于实测或预测数据确定各未确知数的概率分布密度和可能值区间；其次根据盲数运算法则计算可能值区间及其相应的可信度水平；最后通过地基土震陷等级划分标准构建评价模型，重新划分可能值区间和计算发生不同震陷等级的可信度，以定量描述待评区域的震陷等级。

（2）震陷量盲数计算模型

单体建筑地基震陷计算中所获得的评价信息具有未确知性。由于各参数取值的可靠性不能提供，所以式（4-12）中的参数 S、d 和 H 的具体数值也具有未确知性。因此，可将式（4-12）中的各参数定义为未确知数，并且考虑到预测数据的离散型特点，故可将参数 S、d 和 H 定义为离散型盲数，即：

$$S=\{[S_1，S_m]，f(x)\}；\qquad d=\{[d_1，d_n]，g(y)\}；$$
$$H=\{[H_1，H_r]，\varphi(\xi)\}$$

将上述三式代入公式（4-12），可以推导出某区域内地基震陷评盲数计算模型：

$$
\begin{aligned}
D=&4.970-8.312\times\{[S_1，S_m]，f(x)\}+1.394\times\{[d_1，d_n]，g(y)\}\\
&+3.212\times\{[H_1，H_r]，\varphi(\xi)\}-3.948\times\{[S_1，S_m]，f(x)\}^2\\
&-0.088\times\{[d_1，d_n]，g(y)\}^2-1.534\times\{[H_1，H_r]，\varphi(\xi)\}^2\\
&+6.228\times\{[S_1，S_m]，f(x)\}\times\{[d_1，d_n]，g(y)\}\\
&+14.606\times\{[S_1，S_m]，f(x)\}\times\{[H_1，H_r]，\varphi(\xi)\}^2\\
&+1.75\times\{[d_1，d_n]，g(y)\}\times\{[H_1，H_r]，\varphi(\xi)\}\\
&-7.813\times\{[S_1，S_m]，f(x)\}\times\{[d_1，d_n]，g(y)\}\times\{[H_1，H_r]，\varphi(\xi)\}
\end{aligned}
$$

$$(4-13)$$

采用表 4-1 中通过广义方差极小法筛选出的宽深比（S）、地下水位（d）和软土厚度（H）三组变量与地基土震陷量（D）作为计算数据建立所提出盲数计算模型。依据盲数概念将各参数定义为盲数，即：$S=\{[0.4，2.2]，f(x)\}$、$d=\{[0，3]，g(y)\}$、$H=\{[0，3]，\varphi(\xi)\}$，其中各盲数的概率分布密度 $f(x)$、$g(y)$、$\varphi(\xi)$ 分别为：

$$f(x)=\begin{cases}0.5455 & (x\in[0.4,1])\\0.1818 & (x\in(1,1.6])\\0.2727 & (x\in(1.6,2.2])\\0.0 & (x\in其他)\end{cases}$$

$$g(y)=\begin{cases}0.3182 & (y\in[0,1])\\0.3636 & (y\in(1,2])\\0.3182 & (y\in(2,3])\\0.0 & (y\in其他)\end{cases}$$

$$\varphi(\xi)=\begin{cases}0.3181 & (\xi\in[0,1])\\0.5455 & (\xi\in(1,2])\\0.1364 & (\xi\in(2,3])\\0.0 & (\xi\in其他)\end{cases}$$

将它们代入式(4-13)进行盲数运算，可以得到地基震陷量的可能值以及相应的可信度，见表4-2。

表 4-2　地基震陷量计算结果

地基土震陷量可能值	$D\leqslant5$	$5<D\leqslant10$	$10<D\leqslant15$	$15<D\leqslant20$	$20<D\leqslant25$	$25<D\leqslant30$	$D>30$
可信度密度	0.4267	0.0657	0.0701	0.0671	0.0564	0.0571	0.2569
区域震陷评价等级	无震陷	轻微震陷	中等震陷	严重震陷			
可信度密度	0.4267	0.1358	0.1806	0.2569			

（3）计算震陷量的关联度和等级

为避免应用最大隶属度原则造成判定失真，本书采用等级特征值 k^* 来定量化评定结果，计算公式如下：

$$k^*=\sum_{j=1}^{m}j\cdot\frac{k_j(o)}{\sum k_j(o)} \tag{4-14}$$

式中　j——评价等级值，无震陷、轻微震陷、中等震陷、严重震陷的等级值分别取1、2、3、4；

$k_j(o)$——j 等级所对应的可信度密度。

将表4-2中计算结果按式(4-14)评价区域软土地基震陷等级，评价结果见表4-3。通过对计算结果进行综合分析得出，该地区软土地基发生小于轻微震陷危害等级的可信度为 0.5625，发生中等震陷以上危害等级的可信度仅为 0.2569。地基震陷等级特征值 $k^* = 2.2677$，由此可以判定该区域地基出现轻微震陷和中等震陷的可能性较大，震陷等级更倾向于轻微震陷。由上述分析可以看出，基于盲数理论建立的评价模型以灰区间数的形式反映出各参数的不确定性和动态性。此种方法较常规方法可以更为全面地反映出区域地基震陷的综合情况，并避免了由参数取值单一造成的计算指数偏差[126]。

表 4-3　区域地基震陷等级综合评价

评价结果	无震陷（Ⅰ）	轻微震陷（Ⅱ）	中等震陷（Ⅲ）	严重震陷（Ⅳ）	k^*
综合分值	0.4267	0.1358	0.1806	0.2569	2.2677

4.4　本章小结

本章针对震陷预测中存在的问题并结合建设用地抗震防灾适宜性评价的需求，提出了区域软土地基震陷危险等级评估的观点。根据所研究问题的特点，选取了条件广义方差极小法和盲数理论作为基础模型，提出了一种耦合评估思路，并设计和建立了基于少量参数的耦合式软土地基震陷评估模型。通过条件广义方差极小法，筛选出宽深比、地下水位和软土厚度作为最有代表性的影响指标进行拟合计算，采用完全二次项回归方法拟合出各关键影响因素与震陷量之间的计算关系，实现了基于少量参数的软土地基震陷量预测，从而解决了实际震陷预测中由参数不足带来的问题。

应用盲数理论将区域震陷评估标准中可能出现的各种情况用可信度表示，并计算其特征等级值，从而得到更全面的评价结果，实现了单体建筑震陷预测与区域震陷评价的衔接。经实例分析验证，该耦合模型对于区域地基土震陷评估具有较高的准确性和良好的实用性，该方法为区域软土地基土震陷评估提供了一种新的思路。

第 5 章

地震崩塌滑坡危险性离差最大化-
可变模糊集评价研究

5.1 引言

地震诱发地质灾害是一个极其复杂的地质过程，受许多因素的控制和影响。通常，由自然或人为因素引起的地面塌陷、山体崩塌滑坡、泥石流等与地质作用有关的灾害统称为地质灾害。这些地质灾害往往会对人民的生命和财产安全造成严重的影响。崩塌和滑坡是两种较为常见的地质次生灾害（图 5-1）。在我国，地震引发的崩塌滑坡在数量上占地质灾害总量的70%，造成的经济损失占地质灾害总损失的80%[127,128]。

(a) 岷江河谷地带软岩崩塌滑坡区   (b) 都坝崩塌全貌

图 5-1　崩塌滑坡灾害

在丘陵、山地或较为崎岖的高原地区，当地震发生时，往往会诱发不同程度的崩塌滑坡。崩塌是指陡坡上的大块岩体在重力或地震力的作用下突然崩落的现象。滑坡是指斜坡上的不稳定岩体或土体在重力或地震力作用下沿一定的滑动面整体向下滑动的现象。实际上，崩塌属于滑坡现象中的一种特殊情况。通过总结以往的地震实例可以看出，地震引发的滑坡灾害所造成的损失远远超过地震直接作用造成的损失。例如，在美国阿拉斯加大地震中，地震造成的总经济损失为 12 亿美元，其中滑坡灾害造成的损失高达 6.7 亿，约占总额的 56%。此外，这场地震中共有 130 人死亡，其中 48 人是在滑坡过程中丧失了生命[129,130]。1970 年，秘鲁安第斯山脉上发生了世界上迄今为止灾害性最为严重的地震滑坡，地震诱发的滑坡掩埋了两座城市以及周边的一些村庄，造成了约两万人死亡[131,132]。

我国是一个多地震的国家，由地震引发的崩塌滑坡灾害频繁发生。1933 年位于四川的千年古城叠溪发生 7.4 级地震，整个古城被地震崩塌滑坡毁灭。位于岷江西岸的吉白沟、石咀、龙池等十几个村庄，也全部随山体崩塌而倒，其中靠近岷江的白腊、龙池等村，则完全崩入江中。近些年来，在我国地震崩塌滑坡灾害仍时有发生，特别是在西南和西北地区，几乎每一次强震都会触发大量的崩塌滑坡，造成了严重后果。如 1996 年云南省丽江县（现为丽江市）以北 40km 处发生 7.0 级地震，这次地震在 1 万平方千米范围内诱发的中小型崩塌和大中型滑坡总数超过 450 处，造成房屋倒塌、公路堵塞和桥梁毁坏。

地震诱发的崩塌滑坡现象具有两大规律：确定性规律与不确定性规律。确定性规律是指崩滑现象之间存在着一定的因果关系，而不确定性规律则是指崩滑现象的发生具有模糊性和随机性。由于崩滑现象存在影响因素多且关系复杂的特性，因此目前人们还无法准确地给出影响某一崩滑现象的因素或条件，从而导致崩滑现象发生的条件不充分，并且在已知的条件之间无法找出必然的因果关系，这就形成了崩滑现象的随机性。而崩滑现象的模糊性主要体现在客观现象等级评价差异在过渡时所呈现出的亦此亦彼性。这种不确定性是由于崩塌滑坡的危险性本身并没有明确的外延，一个对象是否在界定的范围内难以衡量而形成的。

同时，地震诱发的崩塌滑坡具有分布广泛的特点，并且，大多数崩滑现象多以一次性快速滑动的方式出现。如同地震灾害一样，人们无法阻止地震崩塌滑坡的发生，但是可以通过积极有效的措施将这种灾害造成的影响降到最低。例如在山区城市的地震小区划中、在对边坡附近的重要建筑物进行规划设计时，都应当对岩土边坡地震崩塌滑坡的危险性进行分析。除此之外，地震崩塌滑坡的危险性分析也是进行建设用地抗震防灾适宜性评价的重要组成部分。

5.2　地震崩塌滑坡危险性的研究中存在的问题

目前学者们采用的方法主要包括：拟静力法、有限元法、二元统计分析、多元统计分析、确定性模型等。这些方法概括起来主要分为三类，即力学方法、专家打分法和统计方法。

目前我国通常采用的力学方法主要有拟静力法和有限元法等，这些方法虽然在一些工程中得到了很好的应用，但方法本身涉及诸多参数，并且勘察、实验和计算的工作量很大，因此，这些方法不适用于精度要求较低的大范围多点位的地震崩塌滑坡危险性分析。另外，这些方法仍属于确定性方法或传统的系统分析方法。系统分析方法主要是从整体观点出发，对各客观因素及相互之间的关系给予定量描述，同时将不确定因素引入决策者的注意范围，并尽可能用系统的、逻辑推理的方法更为清晰地揭示各种决策可能产生的影响和作用。但是地震崩塌滑坡危险性分析中存在输入不确定性、目标多样性的特点，评价过程中既包含大量的定性目标，又包含大量的定量目标。并且，系统决策受多个模糊因素影响的特性，决定了这个评价过程是一个功能综合、结构复杂、影响因素众多的复杂系统。因此，采用确定性方法或传统的系统分析方法无法得到很好的处理结果。

专家打分法也是崩塌滑坡灾害评价中应用较为广泛的一种方法。但是，专家打分法的不足在于决策制定过程中带有很大的主观成分，因而研究者们根据专家打分不同给出的评价结果也不尽相同。

统计方法是指采用统计分析手段确定造成过去不稳定过程综合因素的参数，然后将其应用到条件相同但还未受崩塌滑坡影响的地区进行定量或半定量的评价。但是，统计方法在大区域滑坡分布和影响因素数据收集方面存在一定的阻碍。由于统计分析的结果在很大程度上依赖于数据的质量与详细度，因此能否以可接受的成本进行数据收集工作是一个突出的问题。

由于地震崩塌滑坡现象中各评价因子具有多源模糊特性，因此给传统的研究方法带来了许多困难和麻烦，本章针对这些问题，以地震崩塌为主要研究对象，提出了基于离差最大化和可变模糊集理论的耦合地震崩塌危险性评估方法。综合考虑地形地貌、地质条件、地层、气象水文等影响因素作为评价地震崩塌危险性指标体系并建立了相应等级标准，再将离差最大化方法与层次分析法引入权重计算过程中，并采用可变模糊集理论对地震崩塌危险性进行线性与非线性组合评价，其研究思路如图 5-2 所示。

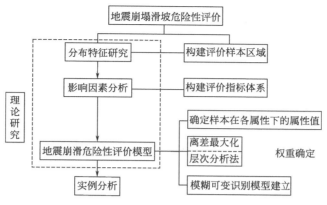

图 5-2　本章研究思路

5.3　地震崩塌滑坡产生的影响因素

　　影响地震崩塌滑坡的因素有很多，除了地震地质条件外，还包括地形地貌、地层条件和气象水文条件等。根据各影响因素对崩塌滑坡的作用机制，将其主要分为内部因素和外部因素两类，如图 5-3 所示。

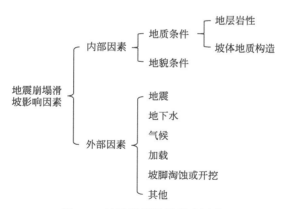

图 5-3　地震崩塌滑坡影响因素

5.3.1　地形地貌条件的影响

　　根据宏观震害调查结果可知，地形地貌条件对崩滑震害的影响非常明显。地形是决定地震崩塌滑坡分布位置的主导性因素，斜坡的陡缓和形状对崩塌滑坡的产生也会有明显的影响。大多数滑坡一般都分布于沟谷两侧，极易发生滑坡的位置一般是前方有滑动空间的高陡自然边坡以及人工开挖边坡。

从图 5-4 中可以看出，90％的滑坡发生在 30°～50°的斜坡上，几乎所有的崩塌都发生于 50°以上的山坡上，而缓于 25°的斜坡一般不会出现崩滑现象。1970 年云南丽江 7.0 级地震诱发了大量的崩塌滑坡，其主要原因在于震区的地貌结构具有明显的成层性且地势起伏巨大。震中区受河流侵蚀强烈，山体坡度大多是 40°～50°，地形相对高差达 2000m 以上，这些地形特点都为崩塌的发生创造了重要条件。

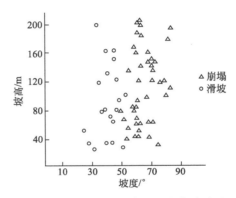

图 5-4　崩塌滑坡与坡高、坡度统计关系

5.3.2　地震的影响

地震对于滑坡的作用在于触发坡体滑动，其作用主要表现在两个方面：

① 地震力作用改变了斜坡体所承受的惯性力，因此触发了滑坡；

② 地震力作用造成了地表破裂变形，地裂缝增加，降低了土石的力学性能，改变了地下水的径流条件并造成了地下水位的上升，从而进一步为滑坡的形成创造了条件。

地震滑坡的产生与震级和烈度具有明显的相关性。通常，地震崩塌滑坡的数量随地震动强度的增大而增多，地震烈度越高，滑坡就越发育。在高烈度的极震区，滑坡几乎无处不在并且都规模宏大，有的仅保留着山脊未动，而在烈度较低的区域，滑坡的密度和规模都有所降低，图 5-5 为澜沧-耿马地震崩塌滑坡分布与地震烈度关系图。

此外，地震的类型也会对崩塌滑坡产生很大的影响，例如，"震群型"

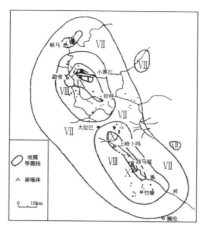

图 5-5　澜沧-耿马地震崩塌滑坡分布与地震烈度关系

地震会比"主震余震型"地震诱发更多数量和更大规模的滑坡。"震群型"地震的特点是地震能量分多次释放，第一次地震造成地表发生破裂后，紧接着会有第二次、第三次能量释放，因此会产生更强烈的破坏，诱发更多的滑坡。1973 年四川霍炉地震为"主震余震型"地震，极震区地震烈度为十度；而"震群型"的龙陵地区极震区烈度为九度，但龙陵地区的滑坡数量和规模都要比霍炉地区大得多。

5.3.3　地层、岩土类型的影响

地震滑坡绝大多数会发生在含有较多亚黏土的坡积层中，只有少数会发生在基岩上，但发生在基岩中的滑坡规模和危害都比较大。表 5-1 中给出了各震区不同岩性的滑坡分布统计。崩塌一般集中发生在节理发育、风化强烈的火成岩、砂岩和灰岩中，通常风化厚度约在 0.5～1.0m 之间。

表 5-1　不同岩性的滑坡分布统计

地震区	基岩		松散堆积层		冲积层及人工堤坝		黄土	
	个数	百分比	个数	百分比	个数	百分比	个数	百分比
松平	2	11%	16	89%				
炉霍	1	0.7%	113	82.5%		16.8%		
昭通	1	3.5%	27	96.5%				
唐山			4	<10%	23	>90%		
古浪	68	23.4%	46	15.9%			176	60.7%

5.3.4 水文条件的影响

水对边坡岩体的影响作用主要表现在三个方面：

① 当水渗入边坡岩体内后，在水的浸泡下岩石会发生软化和强度降低的现象，黏性土也因此变得软化可塑并具有流变性，这种变化会使填充在裂隙中的薄层黏土成为一层"润滑剂"，使边坡岩体的抗剪强度大大降低。

② 当边坡岩体充满水后，孔隙压力会增加，而有效应力会降低，这也为边坡滑动创造了条件。

③ 河流的侧蚀与下切作用会引起高陡边坡坡脚土体冲刷流失，使得抗滑能力减弱，从而造成边坡失稳的现象。

水的来源主要是降雨、河水上涨、地下水位上升、冰川积雪融化和堤坝决崩等。其中，降雨的作用尤为明显，一般来讲，滑坡大多会发生在雨季，并且降雨量多的地区滑坡的数量也比较多。例如，云南省的永善和龙陵震区，两区域地形相差不大并且地震烈度相同，但两地的降水量差异明显。永善震区的降雨量为 1000mm，而龙陵震区的降雨量可达 1600～2000mm，因此龙陵震区的地震滑坡活动要比永善震区强烈。

5.4 地震崩塌滑坡危险性评价研究

针对地震崩塌滑坡危险性研究中存在的问题，本章提出了基于离差最大化和可变模糊集的耦合评价模型。其基本原理是：首先利用离差最大化的客观性和层次分析法的主观经验性确定各影响因素的综合权重，再针对崩滑现象中各评价因子的多源模糊特性，采用可变模糊集模型对地震崩塌滑坡危险等级进行划分。下面对两种基本模型做简要介绍。

5.4.1 离差最大化法基本原理

现代决策问题中往往会涉及多个评价指标，每个指标权重的确定是否准确十分关键，将直接影响到最终的评价结果。指标的权重一般分为主观权重和客观权重两种。主观权重可以根据以往的经验直接给出，而客观权重则需要由决策信息来确定。由决策信息确定的客观权重通常更为准确，更符合客观实际。离差最大化法属于决策信息处理方法中的一种，这种方法可以自动确定各项评价指标的权重以及各指标之间的相对权重，避免了主观随意性[133,134]，并且具有概念清楚、可操作性强的特点。因此，本章采用离差最大化法作为地震崩塌滑坡各影响因素的权重选取方法。

假设一个方案集由 n 个方案组成，每个方案是由 m 个属性构成的属性集。设 u_j 表示第 j 个属性，x_{ij} 表示第 i 个方案的 u_j 的属性值，则第 i 个方案的 m 个属性可以用向量 $\boldsymbol{x}_i$ 表示为：

$$\boldsymbol{x}_i = (x_{i1}, x_{i2}, \cdots, x_{ij}, \cdots, x_{im}) \tag{5-1}$$

式中，$i=1, 2, \cdots, n$，$j=1, 2, \cdots, m$，则对于所有的 n 个方案的 m 个属性可以用下述矩阵表示：

$$X_{n \times m} = \begin{bmatrix} x_1 \\ x_2 \\ \cdots \\ x_n \end{bmatrix} = \begin{bmatrix} x_{11} & x_{12} & \cdots & x_{1m} \\ x_{21} & x_{22} & \cdots & x_{2m} \\ \vdots & \vdots & \vdots & \vdots \\ x_{n1} & x_{n2} & \cdots & x_{nm} \end{bmatrix} \tag{5-2}$$

为了避免造成属性值大的指标权重大、属性值小的指标权重小的现象，应对 $X_{n \times m}$ 进行无量纲处理[135]，处理方法如下：

$$g_{ij} = \frac{-x_{ij} + \max(x_{1j}, x_{2j}, \cdots, x_{nj})}{\max(x_{1j}, x_{2j}, \cdots, x_{nj}) - \min(x_{1j}, x_{2j}, \cdots, x_{nj})} \tag{5-3}$$

式中，$i=1, 2, \cdots, n$，$j=1, 2, \cdots, m$。

矩阵（5-2）经规范化处理后为：

$$G_{n \times m} = \begin{bmatrix} g_{11} & g_{12} & \cdots & g_{1m} \\ g_{21} & g_{22} & \cdots & g_{2m} \\ \vdots & \vdots & \vdots & \vdots \\ g_{n1} & g_{n2} & \cdots & g_{nm} \end{bmatrix} \tag{5-4}$$

在多属性综合评价中，方案属性值偏差越大的属性，赋予的权重也应更大[136,137]。对于属性 u_j，用 $V_{ij}(\omega)$ 表示方案 x_i 与其他所有方案之间的离差，则可定义为：

$$V_{ij}(\omega) = \sum_{k=1}^{n} |g_{ij}\omega_j - g_{kj}\omega_j| \tag{5-5}$$

式中，$i=1,2,\cdots,n$；$j=1,2,\cdots,m$。

令：

$$V_j(\omega) = \sum_{i=1}^{n} V_{ij}(\omega) = \sum_{i=1}^{n}\sum_{k=1}^{n} |g_{ij} - g_{kj}|\omega_j, \quad j=1,2,\cdots,m \tag{5-6}$$

则 $V_{ij}(\omega)$ 表示对于属性 u_j 而言，所有方案与其他方案间的总离差。加权向量 $\boldsymbol{\omega}$ 应使所有属性对所有方案的总离差最大[138]。鉴于此，目标函数构造为：

$$\max V(\omega) = \sum_{j=1}^{m} V_j(\omega) = \sum_{j=1}^{m}\sum_{i=1}^{n}\sum_{k=1}^{n} |g_{ij} - g_{kj}|\omega_j \tag{5-7}$$

则求解向量 $\boldsymbol{\omega}$ 等价于求解以下最优模型：

$$\begin{cases} \max V(\boldsymbol{\omega}) = \sum_{j=1}^{m} V_j(\boldsymbol{\omega}) = \sum_{j=1}^{m}\sum_{i=1}^{n}\sum_{k=1}^{n} |g_{ij} - g_{kj}|\omega_j \\ \text{s. t.} \quad \boldsymbol{\omega} \geqslant 0, \ j=1,2,\cdots,m, \quad \sum_{j=1}^{m}\omega_j^2 = 1 \end{cases} \tag{5-8}$$

解此优化模型，做拉格朗日函数：

$$L(\boldsymbol{\omega},\zeta) = \sum_{j=1}^{m}\sum_{i=1}^{n}\sum_{k=1}^{n} |g_{ij} - g_{kj}|\omega_j + \frac{1}{2}\zeta\left(\sum_{j=1}^{m}\omega_j^2 - 1\right) \tag{5-9}$$

求其偏导数，并令：

$$\begin{cases} \dfrac{\partial L}{\partial \omega_j} = \sum_{i=1}^{n}\sum_{k=1}^{n} |g_{ij} - g_{kj}| + \zeta\omega_j = 0 \\ \dfrac{\partial L}{\partial \zeta} = \sum_{j=1}^{m}\omega_j^2 - 1 = 0 \end{cases} \tag{5-10}$$

求得最优解：

$$\omega_j^* = \frac{\sum\limits_{i=1}^{n}\sum\limits_{k=1}^{n} |g_{ij} - g_{kj}|}{\sqrt{\sum\limits_{j=1}^{m}\left[\sum\limits_{i=1}^{n}\sum\limits_{k=1}^{n} |g_{ij} - g_{kj}|\right]^2}}, \quad j=1,2,\cdots,m \tag{5-11}$$

对进行归一化处理，满足归一化约束条件：

$$\omega_j = \frac{\omega_j^*}{\sum\limits_{j=1}^{m}\omega_j^*}, \quad j=1,2,\cdots,m \tag{5-12}$$

由此可得：

$$\omega_j = \frac{\sum\limits_{i=1}^{n}\sum\limits_{k=1}^{n}|g_{ij}-g_{kj}|}{\sum\limits_{j=1}^{m}\left[\sum\limits_{i=1}^{n}\sum\limits_{k=1}^{n}|g_{ij}-g_{kj}|\right]^2} \tag{5-13}$$

5.4.2　可变模糊集理论

模糊性是模糊集合论中一个基本的概念。自 20 世纪 80 年代开始，陈守煜教授就致力于工程模糊集理论的研究工作。在研究中逐步建立了以对立模糊集定义、相对差异函数定义、可变模糊集合定义、相对比例函数定义和相对隶属函数定义为基础的可变模糊集理论，其方法体系主要包括多级模糊优选模型、聚类迭代模型、模糊可变识别模型等[139]。可变模糊集理论克服了传统模糊学中隶属度和隶属函数都是绝对的问题，建立了相对隶属度与相对隶属函数动态可变的概念。可变模糊集理论的内容很多，下面只对本章涉及的定义、模型做简要的介绍。

（1）对立模糊集概念与定义

陈守煜根据自然辩证法中矛盾双方具有对立性和统一性的原理，提出了描述事物发生质变时平衡界的概念为：事物 u 具有对模糊概念吸引性质 $\underset{\sim}{A}$ 的相对隶属度 $\mu_{\underset{\sim}{A}}(u)$ 与排斥性质 $\underset{\approx}{A}$ 的相对隶属度 $\mu_{\underset{\sim}{A^c}}(u)$ 达到动态平衡时，即 $\mu_{\underset{\sim}{A}}(u)=\mu_{\underset{\sim}{A^c}}(u)$ 时。当 $\mu_{\underset{\sim}{A}}(u)>\mu_{\underset{\sim}{A^c}}(u)$ 时，事物 u 以吸引性质 $\underset{\sim}{A}$ 为主要特征，以排斥性质 $\underset{\sim}{A}$ 为次要特征；当 $\mu_{\underset{\sim}{A}}(u)<\mu_{\underset{\sim}{A^c}}(u)$ 时，则相反。当事物 u 从 $\mu_{\underset{\sim}{A}}(u)>\mu_{\underset{\sim}{A^c}}(u)$ 转化为 $\mu_{\underset{\sim}{A}}(u)<\mu_{\underset{\sim}{A^c}}(u)$ 或反向转化时，即事物 u 发生质变时，必将通过质变界 $\mu_{\underset{\sim}{A}}(u)=\mu_{\underset{\sim}{A^c}}(u)$。事物 u 质变界的定义描述如下[141,142]。

定义 1：设论域 U 上的对立模糊概念，以 $\underset{\sim}{A}$ 与 $\underset{\sim}{A^c}$ 分别表示性质和排斥性质，对 U 中的任意元素 u，满足 $u \in U$，在参考连续区间 [1, 0]（对 $\underset{\sim}{A}$）与 [0, 1]（对 $\underset{\sim}{A^c}$）的任一点上，吸引与排斥的相对隶属度分别为 $\mu_{\underset{\sim}{A}}(u)$、$\mu_{\underset{\sim}{A^c}}(u)$，且 $\mu_{\underset{\sim}{A}}(u)+\mu_{\underset{\sim}{A^c}}(u)=1$。

令：

$$\underset{\approx}{A} = \{u, \mu_{\underset{\sim}{A}}(u), \mu_{\underset{\sim}{A^c}}(u) | u \in U\} \tag{5-14}$$

满足

$$\mu_{\underset{\sim}{A}}(u)+\mu_{\underset{\sim}{A^c}}(u)=1,0\leqslant\mu_{\underset{\sim}{A}}(u)\leqslant1,0\leqslant\mu_{\underset{\sim}{A^c}}(u)\leqslant1 \qquad (5\text{-}15)$$

$\underset{\approx}{A}$ 称为 U 的对立模糊集。左极点 P_1：$\mu_{\underset{\sim}{A}}(u)=1$，$\mu_{\underset{\sim}{A^c}}(u)=0$；右极点 P_r：$\mu_{\underset{\sim}{A}}(u)=0$，$\mu_{\underset{\sim}{A^c}}(u)=1$，如图 5-6 所示。$M$ 为参考连续区间 [1，0]［对 $\mu_{\underset{\sim}{A}}(u)$］、[0，1]［对 $\mu_{\underset{\sim}{A^c}}(u)$］的渐变式质变点，即 $\mu_{\underset{\sim}{A}}(u)=\mu_{\underset{\sim}{A^c}}(u)=0.5$。

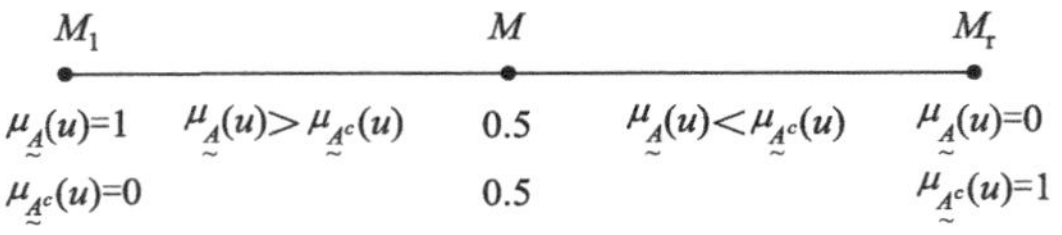

图 5-6　对立模糊集 $\underset{\approx}{A}$ 示意

定义 2：设

$$D_{\underset{\sim}{A}}(u)=\mu_{\underset{\sim}{A}}(u)-\mu_{\underset{\sim}{A^c}}(u) \qquad (5\text{-}16)$$

当 $\mu_{\underset{\sim}{A}}(u)>\mu_{\underset{\sim}{A^c}}(u)$ 时，$0<D_{\underset{\sim}{A}}(u)\leqslant1$；当 $\mu_{\underset{\sim}{A}}(u)=\mu_{\underset{\sim}{A^c}}(u)$ 时，$D_{\underset{\sim}{A}}(u)=0$；当 $\mu_{\underset{\sim}{A}}(u)<\mu_{\underset{\sim}{A^c}}(u)$ 时，$-1\leqslant D_{\underset{\sim}{A}}(u)<0$。

$D_{\underset{\sim}{A}}(u)$ 称为 u 对 $\underset{\sim}{A}$ 的相对差异度。映射

$$D_{\underset{\sim}{A}}:D\rightarrow[-1,1]$$
$$u|\rightarrow D_{\underset{\sim}{A}}(u)\in[-1,1] \qquad (5\text{-}17)$$

称为 u 对 $\underset{\sim}{A}$ 的相对差异函数。满足左极点 M_1：$D_{\underset{\sim}{A}}(u)=1$；右极点 M_r：$D_{\underset{\sim}{A}}(u)=-1$；最大值点 M：$D_{\underset{\sim}{A}}(u)=0$，其位置根据所研究问题的实际意义而定。如图 5-7 所示。

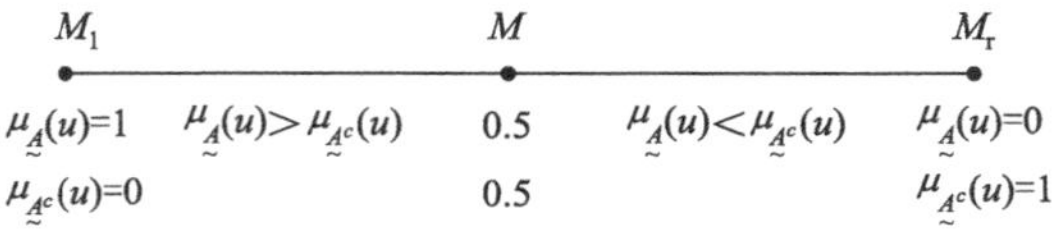

图 5-7　相对差异函数示意

（2）模糊可变集合概念

定义 3：设 U 为论域，u 为 U 中的任意元素，$u\in U$。$\mu_{\underset{\sim}{A}}(u)$ 与 $\mu_{\underset{\sim}{A^c}}(u)$ 分别为事物 u 所具有的表征吸引性质 $\underset{\sim}{A}$ 与排斥性质 $\underset{\sim}{A^c}$ 程度的相对隶属

度，满足对立模糊集定义 1 中式(5-14)、式(5-15) 时，令：

$$V_{\sim} = \{(u,D) \mid u \in U, D_{\underset{\sim}{A}}(u) = \mu_{\underset{\sim}{A}}(u) - \mu_{\underset{\sim}{A^c}}(u), D \in [-1, 1]\} \quad (5\text{-}18)$$

$$A_{+} = \{u \mid u \in U, 0 < D_{\underset{\sim}{A}}(u) \leqslant 1\} \quad (5\text{-}19)$$

$$A_{-} = \{u \mid u \in U, -1 \leqslant D_{\underset{\sim}{A}}(u) < 0\} \quad (5\text{-}20)$$

$$A_{0} = \{u \mid u \in U, D_{\underset{\sim}{A}}(u) = 0\} \quad (5\text{-}21)$$

$$A_{-1} = \{u \mid u \in U, D_{\underset{\sim}{A}}(u) = -1\} \quad (5\text{-}22)$$

式中，A_{+}、A_{-}、A_{0}、A_{-1}——模糊可变集合 $V_{\sim}$ 的吸引域、排斥域、渐变式质变界和突变式质变界。

定义 4：设 C 是 $V_{\sim}$ 的可变因子集，有

$$C = \{C_{A}, C_{B}, C_{C}\} \quad (5\text{-}23)$$

式中　C_{A}——可变模糊集；

　　　C_{B}——可变模型参数集；

　　　C_{C}——模型及参数以外的其他可变因素子集。

令

$$A^{-} = C(A_{+}) = \{u \mid u \in U, 0 < D_{\underset{\sim}{A}}(u) \leqslant 1, -1 \leqslant D_{\underset{\sim}{A}}(C(u) < 0)\}$$
$$(5\text{-}24)$$

$$A^{+} = C(A_{-}) = \{u \mid u \in U, -1 \leqslant D_{\underset{\sim}{A}}(u) < 0, 0 < D_{\underset{\sim}{A}}(C(u) \leqslant 1)\}$$
$$(5\text{-}25)$$

称为模糊可变集合 $V_{\sim}$ 关于可变因子集 C 的可变域。令

$$A_{(+)} = C(A_{+}) = \{u \mid u \in U, 0 < D_{\underset{\sim}{A}}(u) < 1, 0 < D_{\underset{\sim}{A}}(C(u) < 1)\}$$
$$(5\text{-}26)$$

$$A_{(-)} = C(A_{-}) = \{u \mid u \in U, -1 < D_{\underset{\sim}{A}}(u) < 0, -1 < D_{\underset{\sim}{A}}(C(u) < 0)\}$$
$$(5\text{-}27)$$

称为模糊可变集合 $V_{\sim}$ 关于 C 的量变域。

(3) 相对差异函数模型

设 $X_{0} = [a, b]$ 为模糊可变集合 $V_{\sim}$ 的吸引域，即 $0 < D_{\underset{\sim}{A}}(u) \leqslant 1$ 区间，$X = [c, d]$ 为包含 $X_{0}(X_{0} \subset X)$ 的某一上、下界范围域区间，如图 5-8 所示。

根据模糊可变集合 $V_{\sim}$ 定义可以看出 $[c, a]$ 与 $[b, d]$ 均为 $V_{\sim}$ 的排

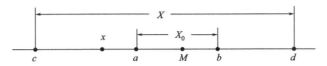

图 5-8 点 x、M 与区间 X_0、X 的位置关系图

斥域，即 $-1 \leqslant D_{\underset{\sim}{A}}(u) < 0$ 区间。设 M 为区间 $[a, b]$ 中 $\mu_{\underset{\sim}{A}}(u)=1$ 的点值，依据物理意义，M 不一定为区间 $[a, b]$ 的中点值。根据相对差异函数公式，M 点应参考实际问题确定。x 为 X 区间内任意一点的量值，则当 x 落入 M 点左侧时，相对差异函数模型为：

$$\begin{cases} D_{\underset{\sim}{A}}(u) = \left(\dfrac{x-a}{M-a}\right)^{\beta} & x \in [a, M] \\[3mm] D_{\underset{\sim}{A}}(u) = -\left(\dfrac{x-a}{c-a}\right)^{\beta} & x \in [c, a] \end{cases} \tag{5-28}$$

X 落入 M 点右侧时，其相对差异函数模型为：

$$\begin{cases} D_{\underset{\sim}{A}}(u) = \left(\dfrac{x-b}{M-b}\right)^{\beta} & x \in [M, b] \\[3mm] D_{\underset{\sim}{A}}(u) = -\left(\dfrac{x-b}{d-b}\right)^{\beta} & x \in [b, d] \end{cases} \tag{5-29}$$

x 落入 X 区间外时

$$D_{\underset{\sim}{A}}(u) = 0 \quad x \in [c, d] \tag{5-30}$$

通常，式(5-28)~式(5-30) 满足：

① 当 $x=a$、$x=b$ 时，$\mu_{\underset{\sim}{A}}(u)=0.5$；

② 当 $x=M$ 时，$\mu_{\underset{\sim}{A}}(u)=1$；

③ 当 $x=c$、$x=d$ 时，$\mu_{\underset{\sim}{A}}(u)=0$。

符合相对差异函数定义 2。$D_{\underset{\sim}{A}}(u)$ 确定以后，根据式(5-31) 可求得相对隶属度 $\mu_{\underset{\sim}{A}}(u)$。

$$\mu_{\underset{\sim}{A}}(u) = \frac{1+D_{\underset{\sim}{A}}(u)}{2} \tag{5-31}$$

显然当 $x \notin [c, d]$ 时，满足 $\mu_{\underset{\sim}{A}}(u)=0$。

（4）模糊可变识别模型

设识别对象 u，根据实际情况确定识别模型中所需的指标数为 m，则其指标的特征值向量为：

$$\overline{x}=(x_1 \quad x_2 \quad \cdots \quad x_m)=x_i \qquad (5\text{-}32)$$

式中　i——识别指标序号，$i=1,2,\cdots,m$。

将样本中的每一个指标分别与相对应的等级 $[a_h，b_h]（h=1,2,\cdots,c)$ 区间进行逐一对比，可以得出指标 x_i 所处的级别区间为 $[a_i，b_i]$，由于刚好位于上下限的指标值会受相邻区域的影响，设区间中 a 所处的级别为 h_a，b 所处的级别为 h_b，确定范围值区间为：

$$[c，d]=\begin{cases} [a_{h_a-1}，b_{h_b+1}] & h_a-1>1，h_b+1<c \\ [a_1，b_{h_b+1}] & h_a-1\leqslant1 \\ [a_{h_b-1}，b_c] & h_b+1\geqslant c \end{cases} \qquad (5\text{-}33)$$

根据 c 个级别的标准值区间矩阵为：

$$I_{ab}=\begin{bmatrix} [a，b]_{11} & [a，b]_{12} & \cdots & [a，b]_{1c} \\ [a，b]_{21} & [a，b]_{22} & \cdots & [a，b]_{2c} \\ \vdots & \vdots & \vdots & \vdots \\ [a，b]_{m1} & [a，b]_{m2} & \cdots & [a，b]_{mc} \end{bmatrix}=([a，b]_{ih}) \quad (5\text{-}34)$$

式中，$i=1，2，\cdots，m$；$h=1，2，\cdots，c$（m 为评价指标数，c 为级别数）。

得到标准区间矩阵 I_{ab} 后，依据式(5-33)可构造范围值矩阵 I_{cd}：

$$I_{cd}=\begin{bmatrix} [c，d]_{11} & [c，d]_{12} & \cdots & [c，d]_{1c} \\ [c，d]_{21} & [c，d]_{22} & \cdots & [c，d]_{2c} \\ \vdots & \vdots & \vdots & \vdots \\ [c，d]_{m1} & [c，d]_{m2} & \cdots & [c，d]_{mc} \end{bmatrix}=([c，d]_{ih}) \quad (5\text{-}35)$$

依据参考指标 i 的实际情况与物理意义，可确定指标 i 级别 h 的 M 矩阵为：

$$M=\begin{bmatrix} m_{11} & m_{12} & \cdots & m_{1c} \\ m_{21} & m_{22} & \cdots & m_{2c} \\ \vdots & \vdots & \vdots & \vdots \\ m_{m1} & m_{m2} & \cdots & m_{mc} \end{bmatrix}=(m_{ih}) \qquad (5\text{-}36)$$

根据式(5-28)～式(5-31) 计算对象 u 关于 m 个指标的相对隶属度，得到 u 的相对隶属度向量 $\overline{\mu}_{\underset{\sim}{A}}(u)$ 为：

$$\overline{\mu}_{\underset{\sim}{A}}(u)=(\overline{\mu}_{\underset{\sim}{A}}(u)_1 \quad \overline{\mu}_{\underset{\sim}{A}}(u)_2 \quad \cdots \quad \overline{\mu}_{\underset{\sim}{A}}(u)_m) \qquad (5\text{-}37)$$

对式（5-37）进行归一化，使之满足 $\sum_{h=1}^{m} \overline{\mu}_{\underset{\sim}{A}}(u)_i = 1$

设 m 个指标的权向量为：

$$\overline{\omega} = (\omega_1 \quad \omega_2 \quad \cdots \quad \omega_m) = \omega_i \tag{5-38}$$

满足 $\sum_{i=1}^{m} \omega_i = 1$。则参考连续统上任意一点 x 指标 i 特征值的相对隶属度 $\mu_{\underset{\sim}{A}}(u)$ 和 $\mu_{\underset{\sim}{A^c}}(u)$ 关于左、右极点的广义权距离分别为：

$$d_g = \left(\sum_{i=1}^{m} \left\{ \omega_i \left[1 - \mu_{\underset{\sim}{A}}(u)_i \right] \right\}^p \right)^{1/p} \tag{5-39}$$

$$d_b = \left(\sum_{i=1}^{m} \left\{ \omega_i \left[1 - \mu_{\underset{\sim}{A^c}}(u)_i \right] \right\}^p \right)^{1/p} = \left(\sum_{i=1}^{m} \left\{ \left[\omega_i \mu_{\underset{\sim}{A}}(u)_i \right]^p \right\} \right)^{1/p}$$

$$\tag{5-40}$$

模糊可变识别模型为：

$$v_{\underset{\sim}{A}}(u) = \frac{1}{1 + \left(\dfrac{d_s}{d_b} \right)^{\alpha}} \tag{5-41}$$

式中　$v_{\underset{\sim}{A}}(u)$——识别对象 u 对吸引性质 A 的相对隶属度；

α——模型优化准则参数，$\alpha=1$ 为最小一乘准则，$\alpha=2$ 为最小二乘准则；

p——距离参数，$p=1$ 为海明距离，$p=2$ 为欧氏距离；

i——识别指标序号，$i=1,2,\cdots,m$。

一般情况下模型（5-41）中 α 和 P 有 4 种组合：

$$\alpha=1, p=\begin{cases} 2 \\ 1 \end{cases}, \alpha=2, p=\begin{cases} 2 \\ 1 \end{cases} \tag{5-42}$$

1) 当 $\alpha=1$，$p=2$ 时，式（5-41）变为

$$v_{\underset{\sim}{A}}(u) = \frac{d_b}{d_b + d_g} \tag{5-43}$$

在式（5-39）和式（5-40）中，当取欧氏距离，即 $p=2$ 时，式（5-43）为理想点模型，此模型为模糊可变识别系统中的一个特例。

2) 当 $\alpha=1$，$p=1$ 时，式（5-41）变为

$$v_{\underset{\sim}{A}}(u) = \sum_{i=1}^{m} \omega_i \mu_{\underset{\sim}{A}}(u)_i \tag{5-44}$$

式（5-44）为一个模糊综合评价模型，属于模糊可变识别系统中的另

一个特例。

3）当 $\alpha=2$，$p=1$ 时，式（5-41）变为

$$v_{\underset{\sim}{A}}(u)=\frac{1}{1+\left(\frac{1-d_b}{d_b}\right)^2}\qquad(5\text{-}45)$$

$$d_b=\sum_{i=1}^{m}\omega_i\mu_{\underset{\sim}{A}}(u)_i\qquad(5\text{-}46)$$

式（5-45）为 Sigmoid 型函数，可用来描述神经网络系统中神经元的非线性或激励函数[143]。

4）当 $\alpha=2$，$p=2$ 时，式（5-41）变为

$$v_{\underset{\sim}{A}}(u)=\frac{1}{1+\left(\frac{d_g}{d_b}\right)^2}\qquad(5\text{-}47)$$

$$d_g=\sqrt{\sum_{i=1}^{m}\left\{\omega_i\left[1-\mu_{\underset{\sim}{A^c}}(u)_i\right]\right\}^2}\qquad(5\text{-}48)$$

$$d_b=\sqrt{\sum_{i=1}^{m}\left[\omega_i\mu_{\underset{\sim}{A^c}}(u)_i\right]^2}\qquad(5\text{-}49)$$

此时模糊可变模型为模糊优选模型。

可以看出，模糊可变识别模型是一个动态变化的模型，可以通过各参数之间的不同组合，对识别结果的可靠性进行分析和验证，因此可以应用于模糊概念识别问题中。

5.5　实例研究

汶川地震引发的地质灾害在区域上大多呈现出沿河流成"线状"分布的特征。绝大多数崩塌滑坡现象都出现在岷江以及垂直龙门山走向的绵远河、石亭江等深切河谷的两岸。通过对岷江、草坡河沿线的灾害点调查分析发现，河流凹岸的崩塌滑坡分布数量和规模都明显高于河流凸岸和平直段地区，其中，映秀—耿达的渔子溪段以及岷江与寿江交汇处最为突出（图 5-9），这也充分证明了河流凹岸山体因长期收到雨水冲刷，稳定性较差的事实。

图 5-9　映秀—耿达渔子溪段凹岸失稳现象

5.5.1　数据收集及指标体系建立

本章的研究区域选取汶川地震中震害较为严重的映秀至耿达段公路两侧，并从中选出 10 个崩塌点作为研究对象进行地震崩塌危险性评价。

根据本章 5.5 节的分析，共选取地形边坡、边坡坡向、地震烈度、地层岩性、多年平均降雨量、植被覆盖率等 15 个影响因素作为评价指标，各指标的危险等级划分见表 5-2，其中危险等级Ⅳ＞Ⅲ＞Ⅱ＞Ⅰ。崩塌点各影响因素的取值见表 5-3[140]。

表 5-2　指标体系评价标准分级

类别	因素	危险等级			
		Ⅰ	Ⅱ	Ⅲ	Ⅳ
地形地貌	边坡坡形 （等级值）(x_1)	凸型坡(1)	直线坡(2)	凹型坡(3)	折线型坡(4)
	边坡坡向 （等级值）(x_2)	阴坡(0～1)	阴坡(1～2)	阳坡(3～4)	阳坡(3～4)
	边坡坡度(x_3) /(°)	平缓(0～20)	缓倾(20～40)	中等倾(40～60)	陡倾(60～90)
	边坡坡高(x_4) /m	低(0～50)	较低(50～100)	中等(100～150)	高(150～650)

续表

类别	因素	危险等级			
		I	II	III	IV
地震地质	地震烈度(x_5) /(°)	弱(0~3)	较弱(3~5)	较强(5~8)	强(8~10)
	细观构造 (发育度)(x_6)	不发育	较不发育	较发育 (2.5~3.5)	发育(3.5~5)
	出露结构面 (等级值)(x_7)	不发育(0~1)	较不发育(1~3)	较发育(3~5)	发育(5~7)
地层	地层岩性 (坚硬度)(x_8)	坚硬岩石	胶接好半坚硬	胶结差半坚硬	较弱松散岩
	软弱夹层 (明显度)(x_9)	不明显	较不明显	较明显	明显
	软弱面与临空面 关系(x_{10})	逆向坡	横交坡	斜交坡	顺向坡
气象水文 地质条件	多年平均降雨量 (x_{11})/mm	小(0~500)	较小	较大	大 (1500~2000)
	降雨冲刷作用 (x_{12})/m	弱(<0.1)	较弱(0.1~0.3)	较强(0.3~0.5)	强(0.5~1)
其他因素	植被覆盖率 (x_{13})/%	好(30~100)	较好(15~30)	较差(5~15)	差(0~5)
	岩石风化程度 (x_{14})/%	未(0~5)	微(5~10)	中等(10~30)	强烈 (30~100)
	人为活动强度 (等级值)(x_{15})	小(0~3)	较小(3~5)	较大(5~7)	大(7~10)

表 5-3　崩塌危险性评价数据统计表

崩塌编号	x_1	x_2	x_3	x_4	x_5	x_6	x_7	x_8	x_9	x_{10}	x_{11}	x_{12}	x_{13}	x_{14}	x_{15}
BT05	1	3	70	73	9	1	3	3	1	4	1253	0.2	6	7	2
BT13	3	3	69	105	9	1	4	2	1	3	1253	0.2	20	6	2
BT33	1	1	48	119	9	1	2	2	1	1	1253	0.2	25	6	2
BT49	2	1	70	189	9	1	4	2	1	2	1253	0.2	8	9	2
BT58	2	3	28	314	9	1	3	2	1	4	1253	0.2	25	15	2
BT70	1	3	68	66	9	1	2	3	1	2	1253	0.2	25	40	2

续表

崩塌编号	x_1	x_2	x_3	x_4	x_5	x_6	x_7	x_8	x_9	x_{10}	x_{11}	x_{12}	x_{13}	x_{14}	x_{15}
YBT03	3	3	42	83	9	1	3	4	1	3	1253	0.2	8	15	2
W17	4	1	50	162	9	1	1	3	1	3	1253	0.2	12	25	2
W33	2	3	72	28	9	1	1	3	1	4	1253	0.2	6	25	2
W41	3.5	3	75	183	9	1	4	4	1	4	1253	0.2	7	32	2

5.5.2　影响因素权重的确定

在以往关于地震崩塌滑坡危险性评价研究中，确定各影响因素权重时多采用主观赋权法，这类方法可以充分考虑专家的实践经验，但也体现出主观性较强的缺点。本章中采用离差最大化和主观赋权法相结合的综合权重确定方法，这种方法可以在充分挖掘数据本身蕴含信息的同时，兼顾主观因素，从而提供更合理的指标权重。组合权重的计算公式为：

$$\omega_j = \omega_j^a \delta + \omega_j^b (1-\delta) \tag{5-50}$$

式中　ω_j^a——专家权重；

ω_j^b——由离差最大化方法计算的权重值；

δ——专家偏好度系数，$\delta \in [0,1]$，本章取 $\delta = 0.5$。

（1）客观权重确定

基于离散最大化原理，对表 5-3 中的数据进行处理，根据式（5-13）进行归一化。由于所取崩塌点的区域背景大致相同，因此 ω_5、ω_6、ω_9、ω_{11}、ω_{12}、ω_{15} 即地震烈度、细观构造、软弱夹层、多年平均降雨量、降雨冲刷作用和人为活动强度 6 个因素各崩塌点的取值相同，故相对权重为 0，其余各影响因素的权重向量为：（ω_1，ω_2，ω_3，ω_4，ω_7，ω_8，ω_{10}，ω_{13}，ω_{14}）=（0.1304，0.1632，0.0991，0.0892，0.1075，0.1217，0.0941，0.1025，0.0923）。

（2）主观权重确定

本章选取层次分析法来确定各影响因素的主观权重。层次分析法一般需要建立判断矩阵，对各个影响因素的重要性进行两两比较。首先通过专家打分法的方式，对各影响因素的重要性打分，打分的原则如表 5-4 所列。

表 5-4　标度打分规则

等级	定义	1~9 标度
1	重要性相同	$a_{ij}=1$
2	i 的重要性稍高于 j	$a_{ij}=3$
3	i 的重要性明显高于 j	$a_{ij}=5$
4	i 的重要性强烈高于 j	$a_{ij}=7$
5	i 的重要性绝对高于 j	$a_{ij}=9$

注：a_{ij} 的取值也可以取 2、4、6、8 及其倒数，分别表示相邻判断的中值。若因素 i 与 j 比较得到 a_{ij}，则因素 j 与 i 比较为 $1/a_{ij}$。

以第一方案层 M_1 的判断矩阵为例，根据专家打分结果，可以得出 M_1 矩阵为：

$$M_1 = \begin{matrix} & A_1 & A_2 & A_3 & A_4 & A_5 \\ A_1 & 1 & 1 & \frac{1}{3} & 2 & 3 \\ A_2 & 1 & 1 & \frac{1}{2} & 2 & 4 \\ A_3 & 3 & 2 & 1 & 4 & 5 \\ A_4 & \frac{1}{2} & \frac{1}{2} & \frac{1}{4} & 1 & 1 \\ A_5 & \frac{1}{3} & \frac{1}{4} & \frac{1}{5} & 1 & 1 \end{matrix}$$

其中，A_1、A_2、A_3、A_4、A_5 分别代表地形地貌、地震地质、地层、气象水文地质条件、其他因素。

根据层次分析法原理，可以得出第一方案层各指标的权重集 $W =$ (0.1884，0.2169，0.4277，0.0941，0.0729)。同理可以求得第二方案层的判断矩阵及权重分配，见图 5-10。

（3）综合权重确定

根据式（5-48），可以得出各影响因素的综合权重集 $W =$ (0.0769，0.0885，0.1016，0.0683，0.0447，0.0516，0.0660，0.2055，0.0360，0.0803，0.0323，0.0148，0.0718，0.0535，0.0086)。

5.5.3　评价计算

① 根据各参考指标的物理意义以及表 5-2 中的评价标准分级，在式（5-35）和式（5-36）的基础上确定潜在地震崩塌危险性评价的吸引域矩阵

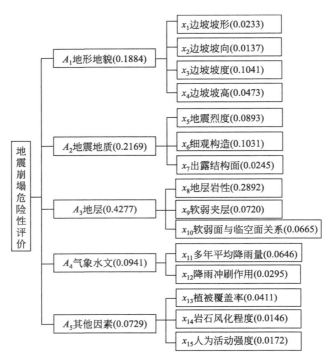

图 5-10 主观权重示意

I_{ab}、范围域矩阵 I_{cd}。

② 根据各参考指标的特性，确定 M 点位置及 M 矩阵。本章中，M_{ih} 的点值模型为：

$$M_{ih} = \frac{c-h}{c-1}a_{ih} + \frac{h-1}{c-1}b_{ih} \tag{5-51}$$

显然，对于 I 等级，M 点的位置与 a 点重合。对 II、III 等级，M 点取值应在 $[a, b]$ 区间内，对于 IV 等级，由于是最高级别，因此 M 点与 b 点重合。

③ 根据表 5-3 中指标原始值与吸引域矩阵 I_{ab}、范围域矩阵 I_{cd} 以及点矩阵 M 的关系，利用式(5-28)、式(5-29)计算出各指标值隶属于等级 h 的相对隶属度。集合 10 个崩塌点数据，由式(5-38)～式(5-40)求得综合相对隶属度，并进行归一化处理。模糊可变评价模型中取 $\alpha=1$，$p=1$、$\alpha=1$，$p=2$、$\alpha=2$，$p=1$、$\alpha=2$，$p=2$ 时，对应的标准综合隶属度矩阵分别为 U_{11}、U_{12}、U_{21}、U_{22}。经计算得到：

$$U_{11}=\begin{bmatrix} 0.148 & 0.130 & 0.306 & 0.121 & 0.159 & 0.186 & 0.076 & 0.135 & 0.163 & 0.027 \\ 0.220 & 0.327 & 0.415 & 0.241 & 0.385 & 0.285 & 0.218 & 0.214 & 0.194 & 0.040 \\ 0.347 & 0.344 & 0.208 & 0.388 & 0.258 & 0.299 & 0.408 & 0.409 & 0.342 & 0.326 \\ 0.284 & 0.200 & 0.071 & 0.249 & 0.198 & 0.229 & 0.298 & 0.242 & 0.300 & 0.607 \end{bmatrix}$$

$$U_{12}=\begin{bmatrix} 0.169 & 0.162 & 0.294 & 0.148 & 0.189 & 0.197 & 0.105 & 0.161 & 0.181 & 0.054 \\ 0.231 & 0.313 & 0.369 & 0.249 & 0.341 & 0.268 & 0.233 & 0.234 & 0.214 & 0.098 \\ 0.326 & 0.309 & 0.236 & 0.346 & 0.261 & 0.298 & 0.351 & 0.355 & 0.322 & 0.301 \\ 0.274 & 0.216 & 0.100 & 0.256 & 0.210 & 0.238 & 0.311 & 0.250 & 0.283 & 0.547 \end{bmatrix}$$

$$U_{21}=\begin{bmatrix} 0.029 & 0.055 & 0.060 & 0.377 & 0.126 & 0.111 & 0.047 & 0.103 & 0.031 & 0.079 \\ 0.074 & 0.397 & 0.408 & 0.469 & 0.261 & 0.562 & 0.387 & 0.103 & 0.194 & 0.119 \\ 0.220 & 0.455 & 0.432 & 0.068 & 0.351 & 0.224 & 0.501 & 0.250 & 0.651 & 0.463 \\ 0.136 & 0.093 & 0.100 & 0.086 & 0.262 & 0.103 & 0.065 & 0.545 & 0.123 & 0.338 \end{bmatrix}$$

$$U_{22}=\begin{bmatrix} 0.064 & 0.045 & 0.287 & 0.037 & 0.071 & 0.117 & 0.012 & 0.047 & 0.079 & 0.007 \\ 0.161 & 0.392 & 0.589 & 0.185 & 0.586 & 0.325 & 0.131 & 0.136 & 0.119 & 0.010 \\ 0.479 & 0.443 & 0.114 & 0.578 & 0.224 & 0.365 & 0.582 & 0.636 & 0.463 & 0.243 \\ 0.297 & 0.121 & 0.010 & 0.200 & 0.120 & 0.193 & 0.275 & 0.181 & 0.338 & 0.740 \end{bmatrix}$$

④ 得到综合相对隶属度后，按照式（5-52）计算第 j 个崩塌点的级别特征向量 H_j，并根据最大隶属度原则进行危险性等级分类。

$$H_j=(1,2,\cdots,c)\cdot U_c \tag{5-52}$$

H_j 大于两级别重点值时取较大级别为最终级别，反之则取较小级别为最终级别。

另外一种等级分类方式是根据置信度准则评价样本的危险性等级，按式（5-53）计算。

$$H_j=\min\left(k:\sum_{h=1}^{k}u_h\geqslant\lambda\right),\quad(1\leqslant k\leqslant c) \tag{5-53}$$

根据式（5-52）求得地震崩塌点灾害危险等级在模型参数 α、p 取不同值时的特征向量，取均值后可得出各崩塌点的危险性等级，见表 5-5。对 10 个崩塌点的危险度按从大到小顺序进行排序，从大到小依次为 W41、YBT03、W33、BT05、BT49、W17、BT13、BT70、BT58、BT33。

将可变模糊集理论判断得到的地震崩塌危险性评价等级，与采用未确知测度理论得到的危险性等级进行了对比分析。在利用未确知测度理论进行崩塌危险性综合评价时，分别采用了特征值向量和置信度准则［式（5-

53)]两种方法进行危险性等级计算，其中，取较不利等级（λ＝0.6 时）判定的危险性等级为最终等级，判定结果见表 5-5。

表 5-5　崩塌灾害危险等级评价结果

崩塌点	可变模糊集理论						未确知测度理论		
	$\alpha=1$ $p=1$	$\alpha=1$ $p=2$	$\alpha=2$ $p=1$	$\alpha=2$ $p=2$	H_0 均值	评价等级	级别特征值		置信度
							H_0	评价等级	$\lambda=0.6$
BT05	2.768	2.705	3.008	2.880	2.840	Ⅲ	2.53	Ⅲ	Ⅲ
BT13	2.614	2.579	2.640	2.629	2.615	Ⅲ	2.52	Ⅲ	Ⅲ
BT33	2.044	2.143	1.848	1.943	1.995	Ⅱ	1.91	Ⅱ	Ⅱ
BT49	2.766	2.710	2.941	2.865	2.821	Ⅲ	2.56	Ⅲ	Ⅲ
BT58	2.495	2.491	2.391	2.484	2.466	Ⅱ	2.47	Ⅱ	Ⅲ
BT70	2.572	2.575	2.633	2.642	2.605	Ⅲ	2.44	Ⅱ	Ⅱ
YBT03	2.927	2.868	3.120	3.088	3.001	Ⅲ	2.59	Ⅲ	Ⅲ
W17	2.757	2.695	2.951	2.849	2.813	Ⅲ	2.52	Ⅲ	Ⅲ
W33	2.780	2.707	3.060	2.893	2.860	Ⅲ	2.50	Ⅲ	Ⅲ
W41	3.513	3.341	3.666	3.779	3.575	Ⅳ	3.71	Ⅳ	Ⅳ

通过对两种方法计算结果的对比分析可以看出，两种方法评价结果的相同率达到 90%。由于可变模糊集模型可以通过参数的变化实现对地震崩塌危险性线性与非线性组合评价，因此计算结果比采用未确知测度理论的结果稳定性更好。通过采用离差最大化方法，可以利用样本指标实际值的特征来实现指标的重要度排序，充分考虑了数据本身的客观性；而层次分析法充分考虑专家的实践经验，两种方法结合所得到的综合权重更为合理。

5.6　本章小结

本章通过对大量崩塌滑坡资料的分析，总结了我国地震崩塌滑坡的分布特点。在崩滑数量方面，由于我国西部地区是强烈地震的高发区，并且地形多以山区丘陵为主，因此地震崩塌滑坡主要集中发生在西部地区；在崩滑规模方面，浅层小型滑坡为主要地震滑坡类型，间或会有一些大型厚层滑坡。地震崩塌滑坡很少单独出现，一次地震往往引发几十或上百起崩塌滑坡。与其他因素引发的崩塌滑坡相比，地震引发的崩滑坡影响范围更大，危害更为严重。

影响崩塌滑坡的因素复杂多样。地震崩滑现象的产生，不仅取决于地震本身的影响，与发震区域的地质地貌条件、地下水以及气象条件等都有密切的关系。经过各因素的重要性分析，本章共选取地形边坡、边坡坡向、地震烈度、地层岩性、多年平均降雨量、植被覆盖率等 15 个影响因素参与地震崩塌滑坡的危险性评价。

本章将可变模糊集理论应用于地震崩塌危险性评价中，根据实际条件，综合考虑各影响因素，确定了各指标标准等级分级值，建立了评价指标体系，比较系统地反映了岩质边坡地震崩塌真实情况；分别采用离差最大化方法和层次分析法计算了各影响因素权重，将二者组合后的综合权重应用于指标赋权过程中。针对耦合模型的适用性，进行了实例研究，并与未确知测度理论计算结果进行比较。从对比结果可以看出，该耦合模型更为合理、稳定，也为建设用地防灾适宜性评价中地震崩塌滑坡危险性分析提供了一种可行的思路。

第 6 章

建设用地防灾适宜性变权集对分析-Vague集耦合评价研究

6.1 引言

土地利用防灾适宜性评价是进行城镇规划建设和城镇土地规划的基础。随着我国经济的快速发展,城镇的建设发展速度也在不断加快,目前的城市化水平已经超过 50%。而人类对土地资源不合理开发导致了环境效应日益凸显,土地系统格局演替与结构变化已逐渐成为关注的焦点。土地系统的演化不仅与人类的生产活动紧密相关,而且直接影响着人类社会与自然环境之间的相互作用,制约着人类社会的可持续发展[144-146]。因此,开展土地利用防灾适宜性评价工作并以此为基础在城市规划建设阶段制定相应的防灾规划要求和对策措施是十分必要的。我国从 20 世纪 80 年代开始进行城市抗震防灾规划工作,截止到 2013 年,全国共有近 300 个县市进行了抗震防灾规划工作,对保障和提高城市的抗震防灾能力起到了重要作用,在这些工作中进行了包括地震破坏效应在内的一系列建设用地防灾适宜性利用的评价工作。

城市建设抗震防灾适宜性评价分级标准实际就是构建适宜性评价指标体系。城市所在自然地理区域不同,灾害环境存在差异,土地防灾适宜性的影响因素及其影响方式也互有差别。同样一种灾害,在不同城市其适宜性也有差异。在进行城市防灾适宜性评价时,应因地制宜,根据各城市不同的土地利用防灾要求制定合理的评价指标体系。因此,土地防灾适宜性的评价指标体系是可以因评价因子和地域不同而有差别的,很多情况下是相对的,是相对于城市土地防灾建设条件的总体状况来说的,但对于永久不适宜的危险场地的评价标准应是具有强制性的[147,148]。

6.2 土地防灾适宜性分级及评价体系研究

6.2.1 土地防灾适宜性分级体系研究

目前,随着城市用地变化、农业用地开发等活动的增加,土地防灾适宜性评价在土地规划利用中的指导性作用日趋明显。1933 年《雅典宪章》中指出在城市规划中,不同性质的用地需考虑土地的适宜性。在联合国粮农组织颁布的《土地评价纲要》中针对某种特殊的土地利用方式提出了土地利用、适宜性、适宜程度几方面的评定标准，该评价系统不仅突破了土地潜力评价的限制，并且揭示出了土地的生产潜力。评价体系中将土地适宜性等级划分为四个层次：适宜性纲、适宜性级、适宜性亚级、适宜性单元，见图 6-1 和表 6-1。其中，在纲的级别中对土地适宜性程度的高低进行了划分，在适宜性级中根据限制因素进一步划分为适宜性亚级，土地的适宜性单元则表示土地的生产特征和管理要求。

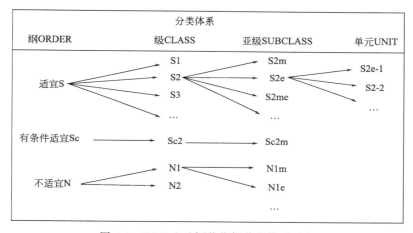

图 6-1　FAO 土地评价指标分类体系示意

表 6-1　FAO 土地适宜性分级表

级	名称	定义
S_1	高度适宜	土地对某种用途的持续利用没有限制，或只有较小的限制，它不致显著地降低产量或收益，并且不会将投入提高到超出可接受的程度
S_2	中度适宜	土地对指定用途的持续利用有中等程度的限制性，这些限制将减少产量和收益并增加所需的投入，但从这种用途中仍能获益，虽尚有利可图，但明显少于 S_1
S_3	勉强适宜	土地对指定用途的持续利用有严重的限制，因而产量与收益明显减少而需要增加必要的投资，以致收益仅仅勉强达到平衡
N_1	暂时不适宜	土地具有短期能克服的限制性，但在目前的技术水平和成本核算下，不能改变这种限制性；限制性的严重程度达到在既定方法下不能保持土地有效的持续利用
N_2	永久不适宜	土地限制性非常严重，以至于在既定方法下不存在有效地持续利用的任何可能性
Sc	有条件适宜	从土地管理特别是从土地特定用途角度来说，在评价范围内小块土地对特定用途不适宜或适宜性差的需要使用的土地，对指定条件进行改造后可以变为适宜

从城市工程建设的要求出发，马东辉等[149,150] 在进行适宜性分级时，根据不同因素的影响方式和影响程度，将城市土地防灾适宜性分级体系分为三个层次：类、级、亚级。亚级可在进行城镇规划时，根据各种类型的用地要求再进行细分。表 6-2～表 6-5 给出了土地利用防灾适宜性的分级体系。该分级体系从适宜性定义、地质地貌地形描述、对城镇规划建设影响、灾害影响限制因子四个方面给出了适宜性级别的分级分类标准，在灾害影响描述中对强震地面断裂等对城市规划建设限制性强的因子采用了较为明确的描述，而对限制性较小的因素的危害程度则多采用了定性语言，表示了其危害程度对适宜性的影响具有相对性，对城市土地利用的强制性弱一些，在城市进行土地利用规划时可根据整体情况进行调整。在表中特别给出了有条件适宜的分类，并特别给出了适宜性指数的定义，便于不同地块的适宜性的比较。

表 6-2　土地利用防灾适宜性的分级体系（Ⅰ）

类	级	适宜性指数 SI	适宜性定义
适宜 S	高度适宜 S_1	0.8～1.0	灾害影响对城镇建设的土地持续利用没有限制,或即使有限制,但对工程建设的进行影响甚微,对工程建设投资影响也很小,且不会影响建成后的使用
	基本适宜 S_2	0.6～0.8	灾害影响对城镇建设的土地持续利用有一定限制,对工程建设的进行影响较小,但不会影响建成后的使用,可能需要采取治理措施抵御危害影响,工程建设可能需为此增加投资,但一般增加有限
	勉强适宜 S_3	0.4～0.6	灾害影响对城镇建设的土地持续利用有较大限制,对工程建设的进行有一定影响,大致不会影响建成后的使用,工程建设需要采取较严格的场地治理措施抵御或消除危害影响,需为此增加相当的投资,但一般不致使投资提高到超出可接受的程度
	适宜性差 S_4	0.2～0.4	灾害影响对城镇建设的土地持续利用有很大限制,对工程建设的进行影响很大,为不影响建成后的使用,工程建设需要采取严格的场地治理措施消除或防止危害影响,一般需要进行专门的技术治理及采取工程防治措施,需为此增加投资较多,是否超出可接受的程度需要根据具体情况确定
有条件适宜 Sc			灾害影响存在较大的不确定性,有理由支持该场地可能发生建设工程无法抵御的破坏或难以治理,是否可以利用需要进一步评价

续表

类	级	适宜性指数 SI	适宜性定义
不适宜 N	局限性不适宜 NR	0.1~0.2	造成危害严重(可能造成建筑工程难以抵御的危害)、危险性较高的场地,因对危险程度或危害程度的敏感性,某些(较重要的)城市建设土地用途不适宜,有些对危险或危害水准要求低(不太重要)的其他建设用途可以有条件使用
	永久不适宜 NP	0.0~0.1	危险场地(危害度高),建(构)筑物一般无法或很难采取工程措施抵御可能造成的危害,工程建设应避让

表 6-3　土地利用防灾适宜性的分级体系 (Ⅱ)

类	级	适宜性地质、地形、地貌描述
适宜 S	S_1	(1)属稳定基岩或坚硬土或开阔、平坦、密实、均匀的中硬土等场地,稳定,土质均匀,地基稳定的场地; (2)地质环境条件简单,无地质灾害破坏作用影响; (3)无明显地震破坏效应; (4)地下水对工程建设无影响; (5)地形起伏即使较大但排水条件尚可
	S_2	(1)属中硬土或中软土场地,场地稳定性较差,土质较均匀、密实,地基较稳定; (2)地质环境条件简单或中等,无地质灾害破坏作用影响或影响轻微,易于整治; (3)虽存在一定的软弱土、液化土,但无液化发生或仅有轻微液化的可能,软土一般不发生震陷或震陷很轻,无明显的其他地震破坏效应; (4)地下水对工程建设影响较小; (5)地形起伏虽较大但排水条件尚可
	S_3	(1)中软或软弱场地,土质软弱或不均匀,地基不稳定; (2)场地稳定性差,地质环境条件复杂,地质灾害破坏作用影响大,较难整治; (3)软弱土或液化土较发育,可能发生中等程度及以上液化或软土可能震陷且震陷较重,其他地震破坏效应影响较小; (4)地下水对工程建设有较大影响; (5)地形起伏大,易形成内涝
	S_4	(1)场地不稳定:动力地质作用强烈,环境工程地质条件严重恶化,不易整治; (2)土质极差,地基存在严重失稳的可能性; (3)软弱土或液化土发育,可能发生严重液化或软土可能震陷且震陷严重; (4)条状突出的山嘴,高耸孤立的山丘,非岩质的陡坡,河岸和边坡的边缘,平面分布上成因、岩性、状态明显不均匀的土层(如故河道、疏松的断层破碎带、暗埋的塘滨沟谷和半填半挖地基)等地质环境条件复杂,地质灾害危险性大; (5)洪水或地下水对工程建设有严重威胁

续表

类	级	适宜性地质、地形、地貌描述
有条件适宜	Sc	根据城镇土地利用情况确定,例如: (1)危险性不太明确的滑坡、崩塌、地陷、地裂、泥石流等场地; (2)稳定年限较短的地下采空区; (3)地质灾害破坏作用影响严重,环境工程地质条件严重恶化,难以整治; (4)地下埋藏有待开采的矿藏资源; (5)其他方面对土地利用的限制条件
不适宜 N	NR	NP 中危险和危害程度较低的场地
	NP	(1)可能发生滑坡、崩塌、地陷、地裂、泥石流等的场地; (2)发震断裂带上可能发生地表位错的部位; (3)其他难以整治和防御的灾害高危害影响区

注:1.根据该表划分每一类场地工程建设适宜性类别,从适宜性最差开始向适宜性好依次推定,其中一项属于该类即划为该类场地。

2.表中未列条件,可按其对场地工程建设的影响程度比照推定。

表 6-4 土地利用防灾适宜性的分级体系 (Ⅲ)

类	级	城镇规划建设限制性要求
适宜 S	S₁	开挖山体进行建设时,应保证人工边坡的稳定性
	S₂	根据情况适当采取措施或不处理,Ⅰ、Ⅱ级工程需要采取一定工程措施
	S₃	结构体系的选择适当考虑场地的动力特性,需要采取一定的场地破坏工程治理措施,上部结构也需要采取一定工程措施抗御灾害的破坏,对于Ⅰ、Ⅱ、Ⅲ级工程需要采取更严格的工程措施
	S₄	结构体系的选择需要考虑场地的动力特性,需要从治理场地破坏和上部结构加强两方面采取较完善的治理措施,对于Ⅰ、Ⅱ、Ⅲ级工程需要采取更严格(完全消除场地破坏影响)的工程措施。可选作 EL 类用地,不宜选作 IBL1、IL1、PL1、ML1、DL1 类用地
有条件适宜	Sc	暂时不宜作为 EL 之外的用地
不适宜 N	NR	优先用作 EL 类用地,IBL1、IL1、PL1、ML1、DL1 应避开,IBL2、IL2、PL2、ML2、DL2 类用地不宜选择。IL1~2 用地无法避开时,生命线管线工程应采取有效措施适应场地破坏作用
	NP	用作 EL 类用地,IL 用地无法避开时,生命线管线工程应采取有效措施适应场地破坏作用

表 6-5　土地利用防灾适宜性的分级体系（Ⅳ）

类	级	限制性	灾害影响限制性因子								
			地震破坏效应			场地类型	稳定性	地质灾害危险性		地质环境复杂程度	地形地貌
			液化	震陷	地面断裂			崩塌、滑坡、泥石流	其他		
适宜 S	S$_1$	限制性 小→大					稳定				
	S$_2$		轻微	轻微			较差		小	简单	
	S$_3$		中等	中等		Ⅲ	差		中	中等	
	S$_4$		严重	严重	三级	Ⅳ	不稳定	小	大	复杂	地震动效应大，场地明显不均匀
有条件适宜	Sc										
不适宜 N	NR				二级			中			
	NP				一级			大			

注：1. 崩塌、滑坡的危险性应评价地震动的影响；

　　2. 表中粗线所框的表示限制程度很强；

　　3. 表中未列出的灾害影响因子，可按其对场地工程建设的影响程度比照推定；

　　4. 场地稳定性、地质灾害危险性、地质环境复杂程度可参照地质环境评价结果进行确定。

6.2.2　土地防灾适宜性评价体系研究

目前建设用地防灾适宜性评价体系的研究重点在于对建筑地基条件的分析，这种评价体系更关注微观尺度上某一点或特定区域内的建设施工难易程度，但无法实现对于某一行政区域内的中观或宏观评价。另外，土地自然条件、社会经济条件、生态环境三者之间联系复杂，由于技术手段个别因素很难实现量化，因此在评价体系中不能很好地结合在一起。以往研究中常用的城市建设用地防灾适宜性评价体系有以下几种。

（1）"压力-状态-响应"指标体系

1990 年，经济合作与发展组织（OECD）首次提出了"压力-状态-响应"（P-S-R）指标体系。该指标体系描述并解释了经济活动、社会活动与自然环境之间的相互作用关系。人类从自然环境中获取不同种类的资源，再通过生产消费向环境排放，从而改变了资源的数量和环境的质量，进而影响人类的生存环境与经济活动；而社会通过加强对环境、经济、土地的管理措施，减缓人类活动对环境的压力。傅伯杰等[151]选取生态因素、经济因素和社会因素为框架建立了土地可持续利用评价指标体系，并提出三方面因素对于土地适宜性的影响方式有很大的差异，不同的土地利用方式会导致生态结构、经济结构、社会组成的动态变化。王艳等[152]提出通过区分土地防灾适宜性评价的压力指标、状态指标和相应指标，结合灾害风险建立相应模型，从而对城市建设用地防灾适宜性进行定量分析。

（2）"目标-判断-结果"指标体系

在《土地评价纲要》和《可持续土地管理评价纲要》中，最早提出了"目标-判断-结果"指标体系。这种评价体系的基本思想是在确定土地利用方式、利用类型和利用目标的基础上，通过判断指标和结果指标，对土地适宜性或土地可持续利用进行分析和判断。其中，以城市土地适宜性系统的发展为目标指标，该目标指标可以以定性形式表示，也可以以定量形式表示；判断指标是目标指标的表征参数，是分析目标某一方面的数值或定性形式；结果目标则是反映目标特定方面的度量指标。郭欣欣在文献[153]中建立了城市建设用地适宜、限制两级评价体系，评价体系中选择工程地质、水文气象、区位条件等5类因素为一级指标，地基承载力、地震液化、地下水埋深、地面坡向、土地利用现状等10个因素为二类指标，将每一个指标赋予判断值，并采用层次分析法得出适宜性分级结论。

（3）"自然-经济-社会"指标体系

"自然-经济-社会"指标体系的基本原理在于通过采用多个子系统对适宜性评价系统进行度量分析，而达到将整体复杂系统降维的目的。该指标体系在土地利用研究的基础上，通常采用解析方法将土地利用系统分解为自然、经济和社会三个子系统。不同于P-S-R指标体系，"自然-经济-社会"指标体系并不注重分析系统之间的联系，而是将重点放在对各子系统的研究中。温华特[154]采用区位因素、建设用地条件、建设用地经济环境、基础设施条件、生态环境5类因素对建设用地适宜性进行评价，评价中包含了对自然属性、社会经济条件和可持续利用程度的综合考虑，明确了建设用地在自然、经济和社会适宜性三方面的统一，涵盖范围较为全面。

6.3　建设用地防灾适宜性耦合评价研究

关于城市建设用地防灾适宜性评价中存在的问题，除了绪论中所叙述的定量研究不足、评价体系参差不齐、评价研究结果应用较少等问题外，在评价方法上还存在着一定问题。建设用地防灾适宜性评价是一个动态过程，以往研究中对于场地断裂、砂土液化、软土震陷、崩塌滑坡等各指标权重的确定往往采用常权理论，也就是说无论各评价指标的状态量如何变化，其指标对应的权重值都不会发生改变。然而在建设用地防灾适宜性的评价过程中，各因素的影响程度并不是一成不变的，而是随着某一因素条件的劣化，其影响程度往往也会随之加大。并且，当某个指标劣化程度很高时，即使其他指标评价值还处于良好状态，其最终的评价等级都会受到严重的影响。例如，当某个待评价单元位于活动断裂带上，那么即使其他指标很理想，该单元的适宜性评价结果也会很差。但是按常权理论计算，只要各指标的状态平均值较好，即可得到较好的评价结果，使得评价结果有失客观的公平性。

结合本书第 2 章～第 5 章中防灾适宜性各影响因素的评价方法及评价结果，针对评价研究中量化程度与精度不足的问题，本章提出了基于集对分析与 Vague 集理论相结合的建设用地防灾适宜性评价方法，并在评价体系中引入了变权模型。

6.3.1　耦合模型原理

集对分析理论可以完整地刻画确定与不确定系统中的对立统一关系，而 Vague 集理论在面对不确定性问题时比传统的模糊集表现出更强的处理能力，两者可以取长补短，从而避免了传统定值评估方法客观性与可靠性不足的问题；针对评价指标权重动态变化问题，在评价模型中引入了局部变权理论。变权综合与常权综合的区别在于，变权综合可以根据时间和空间的变化动态调整权向量，不仅考虑了评价因素的相对重要性，而且考虑了参评因素状态值的组态水平对其权向量的影响，即评价因素的权重随各评价因素值的变化而变化，从而使得评价结果更加准确客观。

6.3.2 耦合评价模型构建

6.3.2.1 变权理论

变权理论的基本思想是可以使影响因素的权重能随着指标因素状态值的变化而变化，从而使指标的权重能更贴切地体现对应指标在评价和决策中的作用。变权理论中三种状态变权向量包括：激励型变权、惩罚型变权以及混合型变权。激励型变权对评价值正常或较低的指标项反应迟钝，而对评价值较高的指标项反应灵敏；惩罚型变权所起作用恰好与激励型变权作用相反；而混合型变权对一部分优良指标进行激励，对另一部分劣化指标进行惩罚[155-157]，文献［158］给出了变权公理化定义如下。

定义 1：所谓一组变权 $W(X) = [w_1(x), \cdots, w_m(x)]$ 是指以下的 m 个映射，w_j（$j = 1, 2, \cdots, m$），$w_j: [0, 1]^m \rightarrow [0, 1]$，$(x_1, x_2, \cdots, x_m) | \rightarrow w_j(x_1, x_2, \cdots, x_m)$ 满足以下三条公理。

公理（1）归一性：$\sum_{j=1}^{m} w_j(x_1, x_2, \cdots, x_m) = 1$；

公理（2）连续性：$w_j(x_1, x_2, \cdots, x_m)$（$j = 1, 2, \cdots, m$），对于每个变元 x_j 都连续；

公理（3）惩罚性：$w_j(x_1, x_2, \cdots, x_m)$（$j = 1, 2, \cdots, m$），对于变元 x_j 单调下降；

公理（3'）激励性：$w_j(x_1, x_2, \cdots, x_m)$（$j = 1, 2, \cdots, m$），对于变元 x_j 单调上升；

公理（3″）混合型：$w_j(x_1, x_2, \cdots, x_m)$ 对于变元 x_j（$j = 1, 2, \cdots, p$）单调下降，对于变元 x_j（$j = p+1, \cdots, m$）单调上升；

如果满足定义 1 的公理（1）～公理（3），则 $W(X)$ 称为惩罚型变权向量；如果满足定义 1 的公理（1）～公理（3'），则 $W(X)$ 称为激励型变权向量；如果满足定义 1 的公理（1）～公理（3″），则 $W(X)$ 称为惩罚-激励混合型变权向量。

定义 2：构建映射：$S: [0, 1]^m \rightarrow [0, 1]^m$，$X | \rightarrow S(X) = [S_1(X), \cdots, S_m(X)]$，称 $S(X)$ 为 m 维的状态变权变量，其中 $i, j = 1, 2, \cdots, m$，如果满足以下公理：

公理（1）$x_i \geqslant x_j \Rightarrow S_i(X) \leqslant S_j(X)$；

公理（2）$S_j(X)(j=1,2,\cdots,m)$；

公理（3）对于任一常权向量 $W^0 = (w_1^0, w_2^0, \cdots, w_m^0)$，式（6-1）满足定义 1 的公理（1）~公理（3），则称 $S(X)$ 为惩罚型状态变权向量：

$$W(X) = \frac{[w_1^0 \cdot S_1(X), \cdots, w_m^0 \cdot S_m(X)]}{\sum\limits_{j=1}^{m} w_j^0 \cdot S_j(X)} = \frac{W^0 \cdot S(X)}{\sum\limits_{j=1}^{m} [w_j^0 \cdot S_j(X)]}$$

(6-1)

式中　W^0——指标常权向量；

　　$W(X)$——指标变权向量。

通过式（6-1）可知，变权向量为常权向量 W^0 和状态变权向量 $S(X)$（归一化）Hardarmard 乘积。

6.3.2.2　局部变权函数的构建

通过式（6-1）可知，变权综合模型的重点在于状态变权向量的构建。状态变权向量构建是否合理会直接影响到评价结果的客观性，因此构建状态变权向量又是变权综合评价中的难点[159]。根据城市建设用地的防灾适宜性评价指标的等级划分和最终评价分区的划分等级要求，可采用均衡函数来构造状态变权向量。

设建设用地防灾适宜性评价目标为 Y，Y_i 是子目标，即 $Y_i \subseteq Y$，令 $Y = \{Y_1, Y_2, \cdots, Y_3\}$，$I_L = \{1, 2, \cdots, L\}$，一般地任意一个 Y_i 有多个评价项目或因素，即 $Y_i = \{y_1, y_2, \cdots, y_p\}$，需要进行多级评价。

设目标 Y 的状态为 $X = \{ [x_1, x_2, \cdots, x_m]^T, 0 < x_j < 1, I_m = \{1, 2, \cdots, m\} \}$，$x_j$ 是 Y_j 的状态值，根据文献［160］作如下定义。

定义 1：设 $\{s(x_j)\}_{j=1}^{m} \in (0, +\infty)$，若 $\forall j \in I_m$，$\exists \alpha, \beta \in (0, 1)$，并有 $\alpha < \beta$。

当 $0 < x_j < \alpha$ 时，$S(x_j) > 0$，$S'(x_j) < 0$，$\lim\limits_{x \to 0^+} s(x_j) = +\infty$；

当 $\alpha \leqslant x_j \leqslant \beta$ 时，$S(x_j) > 0$，$S'(x_j) = 0$；

当 $\beta < x_j < 1$ 时，$S(x_j) > 0$，$S'(x_j) > 0$，$\lim\limits_{x \to 1^-} s(x_j) = +\infty$；

$S'(x_j)(x_j - x_k) + S(x_j) > 0$，$j, k \in I_m$，$x_j \leqslant x_k$；

称 $S(x_j)$ 为局部惩罚-激励型状态变权函数，α 为函数惩罚水平，β 为函数激励水平。

定理 1：设惩罚型状态变权函数 $S(x_j)$ 在初惩罚阶段、强惩罚阶段、否决阶段的变权函数分别为 $S_1(x_j)$、$S_2(x_j)$、$S_3(x_j)$，且在点 (μ, c_2)、(λ, c_1)、(α, C) 处光滑连续且可导，且 $0 < \mu < \lambda < \alpha < \beta < 1$，$0 < C < c_1 < c_2 < 1$，$C$、$c_1$、$c_2$ 关系着评价策略的设定，那么：$\dfrac{c_1 - C}{\alpha - \lambda} = \dfrac{c_2 - c_1}{2(\lambda - \mu)}$。

定理 2：设函数 $S(x_j)$ 在区间 $(0, 1)$ 光滑连续可导，那么

$$S(x_j) = \begin{cases} \dfrac{c_2 - c_1}{\lambda - \mu} \mu \ln \dfrac{\mu}{x_j} + c_2 & 0 < x_j \leqslant \mu \\[3mm] \dfrac{c_2 - c_1}{\lambda - \mu} x_j + \dfrac{c_2 \lambda - c_1 \mu}{\lambda - \mu} & \mu < x_j \leqslant \lambda \\[3mm] C + \dfrac{c_2 - c_1}{2(\lambda - \mu)(\alpha - \lambda)}(\alpha - x_j)^2 & \lambda < x_j \leqslant \alpha \\[3mm] C & \alpha < x_j \leqslant \beta \\[3mm] K(1 - \beta) \ln \dfrac{1 - \beta}{1 - x_j} + C & \beta < x_j < 1 \end{cases} \tag{6-2}$$

则当 $0 < C < 1$、$0 < 1 - \beta < C$、$\dfrac{C_2 - C_1}{\lambda - \mu} > \dfrac{1 - C}{\alpha}$、$1 < K < \dfrac{C}{1 - \beta}$ 时，$S(x_j)$ 是强局部惩罚-激励型状态变权函数（图 6-2）。

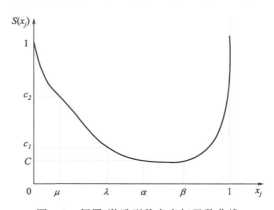

图 6-2 惩罚-激励型状态变权函数曲线

在建设用地防灾适宜性评价中，为了增强对高劣化指标反应的相对灵敏性，对于较差的被评价因素赋予较强的权重，在变权综合评价中惩罚力度的设置应大于激励力度。变权综合评价相应解释如下：

① 子目标评价 P_i 的评价值 $x_i \in (0, 1)$，激励水平 β 靠近 1，即受激励区间（β，1）较窄，该区间的状态值受到强烈激励而迅速变化；

② 惩罚水平与激励水平很近，即合格区 $[\alpha, \beta]$ 很窄，该区间状态值不会受到激励和惩罚；

③ 受惩罚区间（0，α）较宽，可分为初惩罚阶段（λ，α）、强惩罚阶段（μ，λ）、特强惩罚阶段（0，μ] 3 个阶段。在初惩罚阶段，各指标项受到的惩罚很弱，强惩罚阶段受到的惩罚较为强烈，而在特强惩罚阶段，价值太低的子目标项所占权重值会急速增大，使得建设用地防灾适宜性的综合评价值急剧下降。根据建设用地防灾适宜性变权综合评价的特点，可设初惩罚阶段为抛物线，强惩罚阶段为直线，特强惩罚阶段和激励阶段为对数曲线，且强惩罚阶段的直线与特强惩罚阶段的曲线相切于点（μ，α）和（λ，b）。

6.3.2.3　变权简易模式——"一票否决"指标的设定

在建设用地防灾适宜性评价中，包含强震地表破裂、砂土液化、软土震陷、崩塌滑坡、工程地质分区等多个评价指标。其中，强震地表破裂和崩塌滑坡两个影响因素对适宜性评级有限定性的影响。也就是说，当强震地表破裂或崩塌滑坡的危险等级很高时，即使场地的液化、工程地质分区等其他条件再好，该场地的适宜性也会很差，这种因素具有很强的限定性，也被称为"有否决权"因素。一旦这种因素的取值达到设定的标准值后，这种限定性因素的权重可以认为接近于 1。这种情况下，如果采用常权法确定的权重，会给评综合价结果带来较大的误差。而通过变权方法解决这一问题，当面对大量评价对象时，在很大程度上增加了权重确定的工作量。因此，本书中将变权法和"一票否决"有机地结合起来对建设用地防灾适宜性进行评价，从安全评价的角度考虑，认为当场地的地表破裂危险等级为一级或地震崩塌滑坡危险等级为Ⅳ级时，直接判定为不适宜场地。

6.3.2.4　集对分析与 Vague 集耦合理论

Atanassov 于 1986 年提出了采用隶属度和非隶属度来刻画一个元素属于模糊集的方法，并定义这样的集合为直觉模糊集[161,162]。1993 年

Gau 和 Bobillo 在分析模糊集和直觉模糊集特征的基础上，提出了基于真隶属度和假隶属度的 Vague 集，并提出了处理模糊问题的新理论。因此，Vague 集是由模糊集直接扩散而来，但弥补了传统模糊集只能描述事物真隶属度的不足[163,164]。

对于论域 U 中任意一元素 x，Vague 集 A 在点 x 的 Vague 值用 [0，1] 的子区间 $[t_A(x)，1-f_A(x)]$ 表示，$t_A(x)$ 和 $f_A(x)$ 为隶属度的界限值，其中 $t_A(x)$ 为真隶属函数，表示支持"x 属于 A"成立的程度，$f_A(x)$ 为假隶属函数，表示反对"x 属于 A"成立的程度，$t_A(x)，f_A(x)\in[0，1]$，并且 $t_A(x)+f_A(x)\leqslant1$。通过 $t_A(x)$ 和 $f_A(x)$ 计算记分值，以判定待评样本符合某一类别要求的可能性[165-167]。

（1）Vague 集与集对的关系

Vague 集理论和集对分析理论两者可用于处理模糊、不确定和不精确问题。Vague 集的隶属函数依赖于统计或者专家经验，可以从真假两方面对研究对象进行描述，弥补模糊集中单一隶属函数的不足，Vague 集与模糊集之间具有互补性，但 Vague 集不能表达介于支持和反对之间的不确定状态[168,169]。集对分析和 Vague 集耦合的评价方法基本原理为：首先基于评价样本实测值与评价标准间的同异反关系来构建 Vague 集隶属函数，并结合与理想类别之间的相似度及权重综合计算记分值，以判定样本的等级。

（2）基本步骤

1）确定研究对象评价指标和分类标准

基于可操作性、广泛性和实用性原则选择合理的评价指标和确定分类标准。

2）计算 Vague 集隶属度

Vague 集中隶属函数的确定是应用的关键。引入集对分析理论，以解决某些样本中真、假隶属度 $t_A(x)$、$f_A(x)$ 可能出现负值或者大于 1 的情况，使 Vague 集和集对分析耦合的评价方法具有更广的适用性。设效益型样本 $p(p=1，2，\cdots，P)$ 中指标 j 的界限值为 $M_{1,j}$，$M_{2,j}$，$\cdots$，$M_{n,j}$，且 $M_{1,j}>M_{2,j}>\cdots>M_{n,j}$。若 $v_{pj}\in[M_{i+1,j}，M_{i,j})$，则评价指标值位于该等级标准集内，表示完全支持，即为同，相应的 $t_{ij}=1$，$f_{ij}=0$；与 $[M_{i+1,j}，M_{i,j})$ 不相邻的等级标准集同 v_{pj} 的关系为完全反对，即为反，则 $t_{ij}=0$，$f_{ij}=1$；对 $[M_{i+1,j}，M_{i,j})$ 同 v_{pj} 的关系为支持、反对共存，即为异[170]，相应的隶属函数计算模型为：

$$t_{ij}=\begin{cases} 1-\sqrt{|\dfrac{M_{i,j}-v_{pj}}{M_{i-1,j}-M_{i,j}}|} & v_{pj}\in[M_{i,j},M_{i-1,j}) \\[4mm] 1-\sqrt{|\dfrac{v_{pj}-M_{i+1,j}}{M_{i+1,j}-M_{i,j}}|} & v_{pj}\in[M_{i+2,j},M_{i+1,j}) \end{cases} \qquad (6\text{-}3)$$

$$f_{ij}=\begin{cases} \left|\dfrac{M_{i,j}-v_{pj}}{M_{i-1,j}-M_{i,j}}\right| & v_{pj}\in[M_{i,j},M_{i-1,j}) \\[4mm] \left|\dfrac{v_{pj}-M_{i+1,j}}{M_{i+1,j}-M_{i,j}}\right| & v_{pj}\in[M_{i+2,j},M_{i+1,j}) \end{cases} \qquad (6\text{-}4)$$

式中　v_{pj}——样本 p 中某评价指标 j 的实际值；

　　　t_{ij}——针对指标 j 待评价样本属于等级 $k(k=1,2,\cdots,K)$ 的程度，不属于等级 k 的程度用 f_{ij} 表示；

　　　$M_{i,j}$——指标 j 的界限值，对于成本型指标，$M_{1,j}<M_{2,j}<\cdots<M_{n,j}$，将区间的上下限互调即可。

3）等级评价模糊确定

任意两个 Vague 集之间的相似程度可用相似度表示，对 Vague 集分别为 $X=[t_x,1-f_x]$、$Y=[t_y,1-f_y]$ 的两个集合，相应的 X、Y 的相似度 $\Psi(X,Y)$ 可按式(6-5) 求得，即：

$$\Psi(X,Y)=1-\left(\left|\frac{t_x-t_y}{1+t_x+t_y}\right|+\left|\frac{f_x-f_y}{1+f_x+f_y}\right|\right) \qquad (6\text{-}5)$$

Vague 集方法采用记分值来判定待评样本属于某一等级的可能性，记分值越大，样本属于该等级的可能性就越大。记分值的大小可以通过记分函数求得，但由于每个人对于不确定性问题的认识和理解不同，因此记分函数的确定常受到主观因素的影响[171,172]。为了克服这一缺陷，Vague 集采用相似度来构造记分函数。若待评样本的每个指标值都落在某一等级范围内，则称这样的类别为理想类别。由此可知，理想类别的所有评价指标均有：$t=1$，$f=0$，Vague 值为 $V=[1,1]$。根据式(6-5)，以理想类别 Vague 值 V 代替 X，则 $X=[1,1]$；以待评样本 p 的 Vague 值 A_p 代替 Y，则 $Y=[t_{ij},1-f_{ij}]$，考虑各指标等级的判别影响程度不同，赋予其不同的权重值 $\omega_j(j=1,2,\cdots,5)$，Vague 集方法定义样本 p 属于等级 d_i 的记分函数为：

$$\Psi_k(V,A_p)=\sum_{j=1}^{n}\omega_j\left(1-\frac{1-t_{ij}}{2+t_{ij}}-\frac{f_{ij}}{1+f_{ij}}\right) \qquad (6\text{-}6)$$

式中 V——理想类别的 Vague 值；

A_p——样本 p 的 Vague 值；

t_{ij}，f_{ij}——待评样本指标 j 属于等级 k 的真、假隶属度。

$\Psi_k(V, A_p)$ 可以简写为 $\Psi_k(A_p)$。由式 (6-6) 求得样本 p 属于各个等级的记分值并以最大记分值对应的等级作为评价结果。

6.3.3 算例分析

为了证明集对分析与 Vague 集理论相耦合的建设用地防灾适宜性评价方法的适用性，本节从镇江市建设用地防灾适宜性评价中选取一些场地进行示例。防灾适宜性评价选取了地表破裂危险性、砂土液化、软土震陷、崩塌滑坡、工程地质分区、场地类别六个指标，以 j（$j = 1$，2，…，6）表示，通过层次分析法求得各评指标的常权向量为：$\omega_j = \{0.058$，0.238，0.367，0.058，0.119，$0.160\}$。防灾适宜性等级 $D = \{d_1$，d_2，d_3，$d_4\}$ 分别对应适宜（Ⅰ）、较适宜（Ⅱ）、有条件适宜（Ⅲ）、不适宜（Ⅳ），适宜性等级评价指标标准值见表 6-6。

表 6-6 防灾适宜性等级评价指标标准值

评价等级	地表破裂危险性	砂土液化	软土震陷	崩塌滑坡	工程地质分区	场地类别
适宜（Ⅰ）	0.4～0.25	1.0～0.8	1.0～0.8	0.7～0.5	1.0～0.85	1.0～0.8
较适宜（Ⅱ）	0.25～0.15	0.8～0.6	0.8～0.6	0.5～0.3	0.85～0.65	0.8～0.6
有条件适宜（Ⅲ）	0.15～0.075	0.6～0.3	0.6～0.3	0.3～0.15	0.65～0.45	0.6～0.4
不适宜（Ⅳ）	0.075～0	0.3～0	0.3～0	0.15～0	0.45～0	0.4～0

根据镇江市建设用地工程地质特征和场地防灾适宜性评价的特点，在变权计算中取 $C = 0.2$、$c_1 = 0.3$、$c_2 = 0.2$、$\alpha = 0.6$、$\beta = 0.8$、$\mu = 0.2$、$\lambda = 0.4$、$K = 1.5$。由式 (6-2) 可得状态变权函数：

$$S_j(x) = \begin{cases} 0.2\ln(0.2/x_j) + 0.5 & 0 < x_j \leqslant 0.2 \\ -x_j + 0.7 & 0.2 < x_j \leqslant 0.4 \\ 2.5x_j^2 - 3x_j + 1.1 & 0.4 < x_j \leqslant 0.6 \\ 0.2 & 0.6 < x_j \leqslant 0.8 \\ 0.3\ln[0.2/(1-x_j)] + 0.2 & 0.8 < x_j < 1 \end{cases} \quad (6-7)$$

式中　x_j——标准化值；

$S_j(x)$——根据标准化值 x_j 求得的每个基本评价单元的状态评价函数值。

以样本 1 中地表破裂危险性指标来说明变权集对分析-Vague 集耦合模型的计算过程。首先根据式(6-7) 可以得出样本 1 中各指标的变权权重向量为 $\omega_j' = \{0.146，0.280，0.288，0.068，0.093，0.125\}$。由表 6-1 和表 6-2 可知：样本 1 中地表破裂危险性指标 $v_{11} = 0.1$、$M_{11} = 0.4$、$M_{21} = 0.25$、$M_{31} = 0.15$、$M_{41} = 0.075$、$M_{51} = 0$、由于 $v_{11} \in [0.15，0.075)$，因此，$t_{11} = 0$，$t_{31} = 1$；$f_{11} = 1$，$f_{31} = 0$。由式(6-3) 和式(6-4) 可以计算出 $t_{21} = 0.184$，$f_{21} = 0.667$；$t_{41} = 0.423$，$f_{41} = 0.333$。同理，可以得到样本 1 中其他指标的真、假隶属度。最后根据式(6-5) 计算出该样本各等级的记分值分别为：$\Psi_1(A_1) = 0.188$，$\Psi_2(A_1) = 0.670$，$\Psi_3(A_1) = 0.654$，$\Psi_4(A_1) = 0.218$。从计算结果中可以看出 $\Psi_2(A_1)$ 值最大，因此可以判断该样本的防灾适宜性等级为 II 级，即为较适宜。同理可以求得其他样本的等级记分值，并根据记分值对防灾适宜性等级进行评价，本书还对比了变权集对分析-Vague 集耦合模型的计算结果与变权集对分析法和专家经验方法的评价结果。评价指标实际值见表 6-7，评价结果及对比见表 6-8。

表 6-7　评价指标实际值

样本	地表破裂危险性	砂土液化	软土震陷	崩塌滑坡	工程地质分区	场地类别
1	0.1	0.4	0.7	0.4	0.7	0.7
2	0.3	0.1	0.4	0.6	0.5	0.5
3	0.1	0.4	0.7	0.2	0.4	0.5
4	0.2	0.7	0.7	0.6	0.8	0.5
5	0.1	0.4	0.4	0.6	0.8	0.7
6	0.2	0.9	0.9	0.4	0.8	0.7
7	0.3	0.4	0.4	0.4	0.5	0.5
8	0.2	0.7	0.7	0.2	0.4	0.3
9	0.3	0.7	0.9	0.4	0.8	0.5
10	0.1	0.4	0.1	0.4	0.5	0.5
11	0.05	0.9	0.7	0.6	0.7	0.9
12	0.3	0.7	0.9	0.1	0.8	0.7

表 6-8　样本评价结果及对比

样本	Ⅰ	Ⅱ	Ⅲ	Ⅳ	变权集对分析-Vague集方法	变权集对分析法	专家经验法	常权层次分析法
1	0.188	0.670	0.654	0.218	Ⅱ	Ⅲ	Ⅲ	Ⅱ
2	0.097	0.162	0.576	0.660	Ⅳ	Ⅳ	Ⅲ	Ⅲ
3	0.093	0.416	0.805	0.421	Ⅲ	Ⅲ	Ⅲ	Ⅱ
4	0.349	0.865	0.417	0.073	Ⅱ	Ⅱ	Ⅱ	Ⅱ
5	0.130	0.382	0.819	0.392	Ⅲ	Ⅲ	Ⅲ	Ⅱ
6	0.829	0.546	0.091	0.000	Ⅰ	Ⅰ	Ⅰ	Ⅱ
7	0.078	0.259	0.922	0.461	Ⅲ	Ⅲ	Ⅲ	Ⅳ
8	0.193	0.562	0.534	0.411	Ⅱ	Ⅱ	Ⅲ	Ⅱ
9	0.740	0.527	0.195	0.004	Ⅰ	Ⅰ	Ⅰ	Ⅰ
10	0.015	0.140	0.545	0.754	Ⅳ	Ⅳ	Ⅳ	Ⅳ

从评价和对比结果中可以看出，采用变权集对分析-Vague 集耦合方法的评价结果与变权集对分析法的评价结果基本吻合，说明使用该耦合模型对建设用地防灾适宜性进行评价是可行的。耦合模型对于样本 1、样本 2 和样本 8 的评价结果与专家经验法所得到结果有所差别，以样本 8 为例分析其主要原因在于，通过耦合方法计算得出样本 8 属于Ⅱ类的理想类别相似度为 0.562，同时得出属于Ⅲ类的理想类别相似度为 0.534，两个计算值十分接近，此时，专家经验法无法做出准确的判断。而集对分析-Vague 集耦合模型的优势在于可以通过记分量值准确地表示出样本属于各等级的程度以及向其他等级转化的可能性。相比于常权评价模型，变权模型考虑了参评因素状态值的组态水平对其权向量的影响，可以随指标的取值变化而发生变化，解决了危险指标值被其他较高指标值中和的问题，从而使评价结果更为客观，并且变权综合评价值的精度远高于传统的常权评价方法。

在样本 11 和样本 12 的评价中，由于地表破裂危险等级和崩塌滑坡危险等级两个具有"一票否决权"的因素分别为Ⅰ级和Ⅳ级，超出设定的标准值，因此，这两个样本的防灾适宜性直接判定为不适宜，不再进行计算评价。而通过层次分析法计算所得到的这两个样本的适宜性分别为较适宜和适宜。由此也可以看出，常规的评价方法对于存在强限定性指标的评价系统，其评价结果会受到很大的影响。

6.4　本章小结

　　建设用地防灾适宜性是一个多层次、多维因子构成的复杂系统，各类灾害因素对评价目标的限定性不同，随着各类灾害因素的属性值的变化，其对评价结果的贡献或者说权重也在变化。针对影响土地防灾适宜性因素的多样性、复杂性、非线性和非确定性特征，本章构建了以集对分析和 Vague 集理论为基础的耦合式防灾适宜性评价体系，并在评价体系中引入了变权模型，建立了以地表破裂危险性、砂土液化、软土震陷、崩塌滑坡、地震工程地质分区、场地类别为主要影响因素的防灾适宜性评价指标体系，通过第 2 章～第 5 章中对各影响因素的评价方法，对各评价指标进行分级量化赋值，并给出了城镇建设用地防灾适宜性评价的分级标准体系。

　　为了证明该耦合模型的适用性，本章通过 12 组场地数据对其进行了示例。首先，采用层次分析法求得各评价指标的常权权重，并以此为基础通过构建变权函数对常权权重进行重新分配。其评价结果显示，耦合模型对建设用地防灾适宜性进行评价具有很好的稳定性和泛化能力，辨识结果较为精确。并且相比于常权评价模型，变权模型可以随指标的取值变化而发生变化，从而使评价结果更为客观准确。

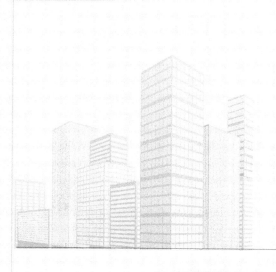

第 7 章

典型案例：镇江市建设用地
抗震防灾适宜性研究

7.1 自然地理条件

镇江市地处江苏省西南部，长江三角洲北翼中心，北纬 31°37′～32°19′、东经 118°58′～119°58′。北揽长江，与扬州市、泰州市隔江相望，西接南京，南与常州、无锡、苏州串联构成苏南经济板块，处于上海经济圈走廊。东西最大直线距离 95.5 千米，南北最大直线距离 76.9 千米。镇江市区内京沪铁路、沪宁高速公路、312 国道、104 国道等穿境而过。

镇江市属北亚热带季风气候的温暖亚带，夏季主导风向为东南风，冬季主导风向为东北风，气候温和，四季分明，温暖湿润，热量丰富，雨量充沛，常年降水量 1088mm 左右。年平均气温 15.5℃，最高气温 40.2℃，最低气温 −11.8℃，无霜期长，平均相对湿度 76%。

7.2 建设用地防灾适宜性评价

7.2.1 镇江市建设用地防灾适宜性等级分类

本书通过总结镇江市已进行的地震危险性分析、地震安全性评价报告，广泛收集岩土工程勘察报告、地震工程地质等资料后发现，如果以现代经济技术水平下镇江市不存在不可以建设土体为假设基础，其建设用地适宜性主要体现在区位条件和建筑条件上。

防灾适宜性评价以镇江市中心城区规划图、土地利用现状图、地震地质构造图等为基础图件，将各要素图层进行叠加分析，并将待评价区域划分为大小相同的规则栅格，以每一个栅格作为建设用地适宜性的基本评价单元，将空间图形与数学模型运算相叠加[173-176]。适宜性评价的分类参考联合国粮农组织（FAO）的《土地评价纲要》以及江苏省土地评价分类体系，结合土地质量、土地自然特征和土地区位条件等因素，将建设用地适宜性划分为四个等级，即适宜（S_1）、较适宜（S_2）、有条件适宜（S_3）和不适宜（NP），见表 7-1。

表 7-1　建设用地适宜性等级体系

等级	描述
适宜（S₁）	区位条件、土地质量优越，应当有限作为建设用地使用
较适宜（S₂）	区位条件、土地质量比较优越，作为建设用地使用的限制性影响因素少
有条件适宜（S₃）	区位条件、土地质量一般，使用的限制性影响因素较多，作为建设用地需要适当的开发和整理，没有特殊要求一般不作为建设用地
不适宜（NP）	区位条件、土地质量差，自然条件无法满足建设使用要求，如必须使用需采取特殊的工程措施

7.2.2　评价指标体系的建立

本书中选择地表破裂危险性、砂土液化、软土震陷、崩塌滑坡、地震工程地质分区、场地类别 6 个因素对适宜性进行评价，研究区域城市建设用地防灾适宜性评价层次结构见图 7-1。

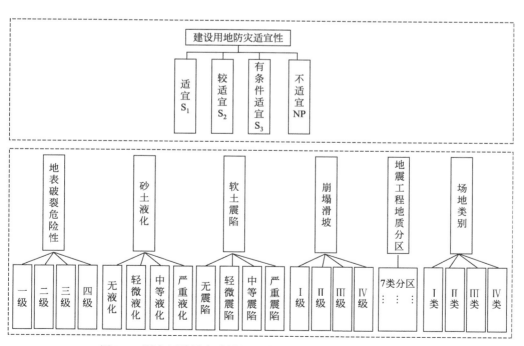

图 7-1　研究区域城市建设用地防灾适宜性评价层级结构示意

7.2.3 各评价因素指标属性值的确定

各评价因素的属性值应按适宜性指数的测度水准进行归一化。具体说明如下。

（1）地表破裂危险性

镇江市及其邻近地区在大地构造单元上位于下扬子断块内，在地震区带划分图上位于长江下游-黄海地震带内，该地震带是我国东部规模较大的中强地震活动带。镇江市地质构造和地貌条件复杂，20 余条断裂隐伏于现代沉积之下。据现有资料分析，宁镇山脉断裂极为发育，种类繁多。大多数断裂主要形成于大陆边缘活动带阶段，而准地台阶段的断裂虽然也有发育，但它们往往在大陆边缘活动带阶段又重新活动，使之强化和规模变化。镇江市区内主要有 9 条推测断裂会构成较大的威胁（表 7-2）。

表 7-2　镇江市主要推测断裂

推测断裂	推测断裂名称
东西向断裂	长江断裂、周冲～上党断裂、汤山～东昌断裂、十里长山～九华山断裂
北北东向断裂	伏牛断裂、茅山断裂
北北西向断裂	东阳～孟塘断裂
北西向断裂	焦山～胡桥断裂、下蜀～上党断裂

根据本书第 2 章中给出的强震地表破裂危险性评价方法，将地表破裂对工程场地的影响共分为四级，与对应一～四级相对应属性值分别为 0.05、0.1、0.2 和 0.3。

（2）地震砂土液化评估

通过对镇江市地质年代及钻孔资料的分析可以看出，饱和砂土层主要分布在长江沿线一带。建设用地砂土液化分区等级划分采用本书第 3 章的研究方法，选取震级、地面加速度最大值、比贯入阻力、标准贯入击数、平均粒径等参数，通过灰色关联-逐步分析耦合模型进行评估。评估结果显示，地震烈度为 7 度时，镇江市绝大部分区域无液化危害，轻微～中等液化区主要分布在镇江东部大路、姚桥和北部长江沿线一带。地震烈度为 8 度时，中等液化和严重液化的区域多有所扩大，主要分布在世业洲、江心洲、征润州、新民洲、高桥、姚桥、大路、丁岗部分地区，沿长江南岸一带，市区大市口及邻近地带。

在进行适宜性评价时，砂土液化等级属性值的对应关系是：无液化 0.9、轻微液化 0.7、中等液化 0.4、严重液化 0.1。

（3）软土震陷评估

镇江市软土主要分布于沿长江河漫区。其场地土层上部主要是粉质黏土、粉土夹粉砂质黏土，中、下部主要由淤泥质土或淤泥质粉细砂组成。淤泥的地基承载力 f_k 普遍小于 80kPa，剪切波速小于 90m/s，淤泥质土的承载力稍高，但一般不超过 120kPa，剪切波速一般在 160m/s 以下。

采用本书第 4 章提出的研究方法对镇江市软土震陷进行评估，从评估结果可以看出，镇江市大部分地区，在 8 度条件下无震陷危害，世业洲、江心洲、征润州、新民洲、高桥、七里甸、市区、丹徒、谏壁、丁岗、西麓七条古冲沟等地区，会出现轻微震陷或中等震陷的现象。

在进行适宜性评价时，软土震陷等级属性值的对应关系是：无震陷 0.9、轻微震陷 0.7、中等震陷 0.4、严重震陷 0.1。

（4）崩塌滑坡评估

镇江市市区有大小山体 20 余座，由于山体坡度较陡，下蜀土发育，在大气降水的作用下，易在下蜀土土层裂隙面以及岩土交界面滞留形成滑移面造成边坡失稳，导致滑坡发生。历史上镇江市曾多次发生滑坡，其中 1991 年云台山滑坡较为严重。云台山系第四纪晚更新世长江 Ⅱ 级基座阶地，地势北高南低，山顶平缓，山坡较陡，为典型的双重结构斜坡。

采用本书第 5 章提出的方法，共选取地形边坡、边坡坡向、地震烈度、地层岩性、多年平均降雨量、植被覆盖率等 15 个影响因素作为评价指标，对镇江市崩滑滑坡危险性等级进行评价。从评价结果中可以看出，地震烈度为 8 度时，研究区域内无 Ⅳ 级崩塌滑坡危险区，在云台山、宝盖山周边，绝大部分地区为 Ⅱ 级危险区。

在进行适宜性评价时，地震崩塌滑坡危险等级属性值的对应关系是：Ⅰ 级 0.6、Ⅱ 级 0.4、Ⅲ 级 0.2、Ⅳ 级 0.1。

（5）地震工程地质分区及场地类别

镇江地区主要隶属于扬子准地台下扬子台褶带宁镇褶皱冲带中地层分区，区内覆盖层深度范围内第四系地层由老至新为 Q3～Q4。基岩主要为碳酸盐岩、碎屑岩、火成岩，露头形成丘陵。在绝大部分区域，基岩上覆盖着厚 5～95m 的第四系冲积土层，形成了长江三角洲冲积平原地貌，其因基本成因环境相近而稳定，在垂直方向岩土以层状结构为主。地下水位较浅，除局部有由于长期抽汲地下水而形成的降落漏斗区外，一般为黄海 -3.0～0.50m 之间。

规划区由于新构造运动较强，而且覆盖土层厚度相差较大，断裂活动对浅部土层的影响较大，历史上为多震区。根据岩土体的成因类型、结构特点、工程特性和地形地貌特征、结合潜在的地震效应，通过广泛收集水文地质资料、现场踏勘和补充地质勘察资料，以工程地质条件为基础，将规划区划分为低山丘陵区（以岩性不同分为碳酸盐岩区、碎屑岩区、火成岩区三个亚区）、波状平原区（细分为岗地阶地区、冲沟洼地区两个亚区）、长江漫滩平原区（细分漫滩区、新近边滩区两个亚区）三个工程地质区，见表 7-3。各类分区的适宜性属性值对应以下关系：Ⅰ1 为 0.5、Ⅰ2 为 0.7、Ⅰ3 为 0.8、Ⅱ1 为 0.9、Ⅱ2 为 0.7、Ⅲ1 为 0.5、Ⅲ2 为 0.4。

表 7-3　研究区域地震工程地质分区

一级分区		二级分区		分布地域及地形地貌	岩土及地下水特征	地基评价与抗震地段划分
名称	代号	名称	代号			
低山丘陵区	Ⅰ	碳酸盐岩地区	Ⅰ1	坚硬碳酸岩分布于西部天王山～十里长山，东部谏壁～马迹山山地一带，中部零星分布，中等坚硬碳酸岩分布于九华山、乔家门一带，东部零星分布	该区的坚硬岩由中厚层状灰岩、厚层状白云岩组成。中等坚硬岩由薄层状灰岩及角砾状灰岩组成。地下水为基岩裂隙水	岩溶发育，岩溶洞穴塌陷。高坡角岩体失稳引起滑坡。为抗震危险地段
		碎屑岩地区	Ⅰ2	碎屑岩分布于西部天王山～十里长山，中东部零星分布	坚硬碎屑岩由厚层状石英砂岩和含砾砂岩组成，中等坚硬岩由中薄层状千枚岩、板岩、泥岩及页岩组成	陡立岩体易失稳，构造裂隙常形成软弱带。泥页岩见水膨胀及软化，高坡角岩体易失稳。属抗震不利地段
		火成岩地区	Ⅰ3	火成岩分布于西部山体地，东部圈山一带，南部呈零星残丘分布	由安山岩、集块岩、石英闪长岩、斑岩、花岗岩组成	岩体常形成 3～5m 的风化层，表面残积层易失稳。属抗震一般地段

续表

一级分区		二级分区		分布地域及地形地貌	岩土及地下水特征	地基评价与抗震地段划分
名称	代号	名称	代号			
波状平原区	Ⅱ	阶地岗地区	Ⅱ1	分布于南部低山丘陵山前地带，地形波状起伏，地面标高10～35m	由Q3下蜀土组成，岩性主要为粉质黏土，局部夹薄层粉土，自上而下具硬塑～可塑～硬塑相间特点。地下水属潜水，局部属上层滞水	浅部粉质黏土是一般建(构)筑的良好地基，属抗震有利或一般地段
		冲沟洼地区	Ⅱ2	沿高资、七里甸、市区、丹徒、谏壁、丁岗、西麓七条古冲沟分布发育，地形低凹且变化较大	古冲沟边缘区由可塑状黏性土和下伏下蜀土组成，近江段和沿河地段上中部分布发育有淤泥质软土及砂土层。地下水类型属潜水	古冲沟边缘区浅部是一般建(构)筑的良好地基，属抗震一般地段。近江段和沿河段属不利地段
长江漫滩平原区	Ⅲ	漫滩区	Ⅲ1	分布于世业洲、新民洲、江心洲、高桥、姚桥、大路部分，长江南岸呈条带分布。地面标高3～6m	主要由第四系全新统沉积的可塑粉质黏土、淤泥质软土、粉细砂组成，南岸下伏下蜀土。地下水类型为潜水	浅部松软土不宜作为建筑天然地基，但深部有良好的桩基持力层。浅部松软土对抗震不利，属抗震不利地段
		新近边滩区	Ⅲ2	主要分布于江边及征润州，江心洲尾部分，地面标高2～3m	由第四纪全新统新近沉积的流塑状软土砂性土组成	浅部松软土不宜作为建筑天然地基，但深部有良好的桩基持力层。浅部松软土对抗震不利，属抗震不利地段

（6）场地类别分区

在进行场地类别分区时，先对镇江市规划区内所收集的每个钻孔场地的覆盖土层厚度和等效剪切波速进行了计算分析（对于无剪切波速资料的钻孔，采用剪切波速统计公式进行换算），确定了钻孔处的场地类型；然后以 GIS 系统为平台，依据钻孔资料，并参考地震工程地质分区、地形地貌等，对研究区域建设场地类别进行分区，见表7-4。可以看出，镇江市的低山丘陵区主要为Ⅰ类建设场地，波状平原区以中性压缩土Ⅱ类场地为主，长江漫滩平原区主要为中软土Ⅲ类场地或Ⅳ类场地。各类场地类型的适宜性属性值对应以下关系：Ⅰ为 0.9、Ⅱ为 0.7、Ⅲ为 0.5、Ⅳ为 0.3。

表 7-4　建设用地场地类型分区说明

场地类型	主要地质和岩土特性
Ⅰ类	松散地层厚度小于 5m 的基岩分布区,坚硬碳酸岩由中厚层状灰岩、厚层状白云岩组成。中等坚硬碳酸岩由薄层状灰岩及角砾状灰岩组成。坚硬碎屑岩由厚层状石英砂岩和含砾砂岩组成,中等坚硬碎屑岩由中薄层状千枚岩、板岩、泥岩及页岩组成。中等坚硬火成岩由安山岩、集块岩、石英闪长岩、斑岩、花岗岩组成;覆盖层厚度小于 5m,等效剪切波速在 250～500m/s
Ⅱ类	该场地地貌类型为岗地和山前坡地地段,岩性组合为中压缩性土层覆盖于半坚硬基岩之上的双层结构或全由中压缩性土组成,工程地质条件好,覆盖层厚度在 5～50m,等效剪切波速在 150～350m/s
Ⅲ类	场地地貌类型为长江漫滩和部分古冲沟区,岩性组合中高压缩性土与底部中压缩性土组成的多层结构,工程地质条件差,软土厚度大,覆盖层厚度在 20～75m,等效剪切波速小于等于 250m/s
Ⅳ类	该场地地貌为长江漫滩,岩性组成为高压缩性软土与底部中压缩性土组成的多层结构,工程地质条件差,软土厚度大,覆盖层厚度在 80～95m,等效剪切波速小于等于 150m/s

7.2.4　评价结果分析

　　本书采用集对分析与 Vague 集理论相耦合的评价方法,结合防灾适宜性各影响因素的评价结果,对研究区域(镇江市规划区)内建设用地防灾适宜性进行了分析,并将其防灾适宜性分为四类,分别为适宜(S_1)、较适宜(S_2)、有条件适宜(S_3)和不适宜(NP),其分布、抗震特性、空间分布及工程建设要求见表 7-5。

表 7-5　建设用地防灾适宜性评价分区说明及规划建议

防灾适宜性类别	抗震特征							规划建设的适宜性及建议对策
	工程地质分区	场地类别	抗震地段	液化或震陷	岩溶地陷	滑坡崩塌	江岸坍塌	
不适宜(NP)	基岩出露区	Ⅰ	危险	—	有	有	—	不应作为工程建设用地,基础设施工程确无法避开时,应采取有效抗震防灾措施减轻场地破坏作用,确保遇震时救援通道畅通

续表

防灾适宜性类别	抗震特征							规划建设的适宜性及建议对策
	工程地质分区	场地类别	抗震地段	液化或震陷	岩溶地陷	滑坡崩塌	江岸坍塌	
有条件适宜（S_3）	长江河漫滩平原区	Ⅲ～Ⅳ	不利	有	—	—	有	工程建设时应考虑液化和震陷危害，需考虑地基处理方法消除软土及砂土液化的不利影响。建筑的平面布置宜规则、对称、具有良好的整体性，立面与竖向剖面宜规则、侧向刚度宜均匀变化；多层建筑宜采用整体性较好的结构体系，不宜采用底部框架、内框架结构；砌体结构宜适当增设圈梁和构造柱增强上部结构整体性，基础形式宜采用桩基或满堂基础；高层建筑宜采用整体性较好和刚度较大的钢筋混凝土框剪、框筒等结构体系，基础形式宜采用桩基、箱基或满堂基础；重要建筑物不宜采用体型复杂、平立面特别不规则的结构形式
较适宜（S_2）	阶地岗地与古冲沟交界区	Ⅱ～Ⅲ	不利	—	—	—	—	较适宜建设各类建构筑物，但应提升室内外地坪标高，增加地势防洪储备
适宜（S_1）	阶地岗地区	Ⅱ	有利一般	—	—	—	—	原则上适宜建设各类建筑物

7.3　本章小结

　　本章以镇江市为例，建立了城市建设用地防灾适宜性评价体系，依靠 GIS 技术，采用 MapInfo 软件平台将变权集对分析-Vague 集理论耦合评价模型运用到防灾适宜性的定量评价中，绘制了镇江市建设用地防灾适宜性分区图；最后，将评价结果与城市规划相结合，并对镇江市的规划建设提出了建议对策。

第 8 章

城市建设用地抗震防灾适宜性
评价研究结论与展望

8.1 研究结论

城市建设用地抗震防灾适宜性评价是城市抗震防灾规划中的关键内容，同时也是城市土地利用综合防灾规划的重要组成部分。通过建设用地防灾适应评价可以提高土地利用规划的科学性，也可以为城市建设用地的选择和布局提供决策依据。本书针对土地抗震防灾适宜性中各影响因素的特征以及适宜性评价的要求，通过查阅文献和相关研究资料，以非线性智能理论、不确定性理论等复杂理论为基础，构建了城市建设用地抗震防灾适宜性的耦合评价体系。以镇江市为实例，通过 GIS 技术将各影响因素进行叠加分析，得出科学合理的评价结果。本书增强了城市建设用地抗震防灾适宜性评价的科学性和适用性，也为科学合理地利用城市土地提供了依据。综合本书的研究过程和成果可以得出以下创新性结论。

① 针对震级、上覆土层厚度及地表破裂宽度的实测或试验数据较少的问题，利用信息扩散原理对强震地表破裂宽度进行预测。在分析诸多影响因素的基础上选取震级、上覆土层厚度为主要评价指标，建立了两个评价指标与地表破裂宽度之间的模糊关系。预测结果与多元线性回归模型、完全二次回归模型和 BP 神经网络模型的计算结果进行比较，对比结果显示，信息扩散方法构建的强震地表破裂宽度模型可以较好地处理各指标间的非线性关系，在很大程度上提高强震地表破裂宽度的预测精度。建立了一个估计地表破裂宽度发生概率的简化模型。从强震地表破裂对场地适宜性的影响出发，提出了在地表破裂距离危险等级和地表破裂概率共同影响下的场地地表破裂危险性评价模型。

② 在总结国内外砂土液化判别方法的基础上，对目前几种常用的液化判别方法进行了评析。通过分析可以看出，确定性判别方法的应用较广，但考虑的因素少、其评价结果不具有概率意义；以模糊数学为基础的单一评价方法存在赋权随意性、计算结果不稳定等问题；而基于数学和力学严格分析的动力反应法，在计算上过于复杂，不适用于实际工程。针对液化判别中存在的问题，根据砂土液化实测震害资料，通过分析灰色关联方法和逐步判别方法的优缺点，提出了以两者为基础的耦合式判别模型。该模型可以削弱因单一依靠最大关联度和判别变量而对判别结果造成的不良影响，从待判样本与参考样本之间的相关性出发对砂土液化等级进行判

别，并对各评判等级的后验概率进行计算。经实例分析验证，该耦合模型对砂土液化等级的判别具有较高的准确性和良好的实用性。

③ 根据震陷预测中存在的问题并结合建设用地抗震适宜性评价的需求，提出了区域软土地基震陷危险等级评估的观点。提出了以条件广义方差极小法和盲数理论作为基础模型耦合评价思路，并设计和建立了基于少量参数的耦合式软土地基震陷评估模型。首先，通过条件广义方差极小法，筛选出影响软土地基震陷的关键因素；其次，采用完全二次项回归方法拟合出各关键影响因素与震陷量之间的计算关系；最后，应用盲数理论将区域震陷评估标准中可能出现的各种情况用可信度表示，并计算其特征等级值，实现单体建筑震陷预测与区域震陷评价的衔接。经实例分析验证，该耦合模型对于区域地基土震陷评估具有较高的准确性和良好的实用性。

④ 对大量崩塌滑坡资料在数量和规模方面进行分析，总结了我国地震崩塌滑坡的分布特点。在崩滑数量方面，由于我国西部地区是强烈地震的高发区，并且地形多以山区丘陵为主，因此地震崩塌滑坡主要集中发生在西部地区；在崩滑规模方面，浅层小型滑坡为主要地震滑坡类型。经过各因素的重要性分析，选取地形边坡、边坡坡向、地震烈度、地层岩性、多年平均降雨量、植被覆盖率等 15 个影响因素参与地震崩塌滑坡的危险性评价。将可变模糊集理论应用于地震崩塌危险性评价中，根据实际条件，综合考虑各影响因素，确定了各指标标准等级分级值，建立了评价指标体系，比较系统地反映了岩质边坡地震崩塌真实情况；分别采用离差最大化方法和层次分析法计算了各影响因素权重，将二者组合后的综合权重应用于指标赋权过程中。针对耦合模型的适用性，进行了实例研究，并与未确知测度理论计算结果进行了对比分析。

⑤ 针对影响土地防灾适宜性因素的多样性、复杂性、非线性和非确定性特征，构建了以集对分析和 Vague 集理论为基础的耦合式防灾适宜性评价体系，并在评价体系中引入了变权模型，建立了以地表破裂危险性、砂土液化、软土震陷、崩塌滑坡、地震工程地质分区、场地类别为主要影响因素的防灾适宜性评价指标体系给出了城镇建设用地防灾适宜性评价的分级标准体系。以镇江市为例，建立了城市建设用地防灾适宜性评价体系，首先，采用层次分析法求得各评价指标的常权权重，并以此为基础通过构建变权函数对常权权重进行重新分配；其次，依靠 GIS 技术，采

用 MapInfo 软件平台将耦合评价模型运用到防灾适宜性的定量评价中，绘制了镇江市建设用地防灾适宜性分区图；最后，将评价结果与城市规划相结合，并对镇江市的规划建设提出了建议对策。

8.2 研究创新

① 根据地表破裂距离危险等级和地表破裂概率综合确定场地地表破裂危险性等级，考虑震级、上覆土层厚度及地表破裂宽度实测或试验数据的非完备特性，提出了基于信息扩散原理的强震地表破裂宽度预测模型，并建立了估计地表破裂宽度发生概率的简化模型，通过概率分析得出断层引发地表破裂宽度预测值的概率，为城市建设用地抗震防灾适宜性评价的地表破裂危险性影响判别分析提供了科学支撑。

② 对影响城市建设用地抗震防灾适宜性评价的砂土液化、软土震陷、崩塌滑坡主要因素进行分析，分别提出了具有更好稳定性、泛化能力和辨识程度的灰色关联-逐步分析、条件广义方差极小-盲数理论、离差最大化-可变模糊集组合评价模型，克服了单一的评价模型无法从空间尺度上准确真实反映出适宜性系统整体的特征和变化过程的缺点，为城市建设用地抗震防灾适宜性评价提供了坚实基础。

③ 针对城市建设用地抗震防灾适宜性评价指标权重动态变化和强限定性因素对评价结果的影响问题，在引入局部变权理论和"一票否决"的基础上，提出了建设用地抗震防灾适宜性的变权集对分析-Vague 评价模型，弥补了模糊集中单一隶属函数的不足，较为客观地反映了建设用地抗震防灾适宜性评价结果介于支持和反对之间的不确定状态描述，为城市建设用地抗震防灾适宜性评价提供了决策依据。

8.3 研究展望

城市建设用地抗震防灾适宜性评价体系的构建涉及灾害环境、自然条件、社会条件、人类活动等多方面因素，本书对该问题的研究虽取得了一定的成果，但许多问题还有待进一步深化研究。今后可以从以下方面对该领域做进一步的探索和研究。

① 从城市工程建设的要求出发，由于各因素的影响方式和影响程度不同，土地适宜性的分级也有所差别。对于建设用地抗震防灾适宜性各等级的边界划分问题可以展开进一步的研究。

② 应建立抗震防灾适宜性基础数据库。充分利用通过遥感、勘察等技术手段收集到的地质、土壤、地形地貌、水文等基础数据，将待评价区域的各评价因素作为动态变量，建立预测机制和实时分析系统，并根据基础数据进行合理、精确的评价。

③ 基于 GIS 的防灾适宜性评价包含的内容十分广泛，GIS 已为空间图形分析提供了很大的便利，应进一步开发 GIS 平台，在提高基础数据准确性的同时，使其更有效地为建设用地抗震防灾适宜性评价服务。

④ 由于土地受自然因素和人为因素影响会发生较大的变化，因此，应定期进行城市建设用地的防灾适宜性评价，并在实践中不断完善评价决策的分析方法，使评价决策可以为城市抗震防灾规划和城市土地利用布局提供科学的依据，从而减少建设用地选择的盲目性，降低建设风险，提高城市防灾能力。

参考文献

[1] 《国家防震减灾规划（2006—2020 年）》［EB/OL］http：//www. gov. cn/jrzg/2007-10/ 31/content _ 791708. htm.

[2] 吴慧娟，曲琦，葛学礼，等.地震高发地区农村抗震能力建设与重建［J］.工程抗震与加固 改造，2004（5）：1-5.

[3] 张肇诚.中国震例［M］.北京：地震出版社，1990.

[4] 徐锡伟.中国近现代重大地震考证研究［M］.北京：地震出版社，2010.

[5] 陈虹，王志秋，李成日.海地地震灾害及其经验教训［J］.国际地震动态，2011（9）： 36-41.

[6] 郑言.智利防御地震灾害的经验及启示［J］.林业劳动安全，2010，23（3）：45-49.

[7] 新西兰发生 6.3 级强震［EB/OL］.［2011-2-22］.http：//www. huanqiu. com/zhuanti/ world/xxldz/

[8] 周福霖，崔鸿超，安部重孝，等.东日本大地震灾害考察报告［J］.建筑结构，2012，42 （4）：1-20.

[9] 四川雅安发生里氏 7.0 级地震［EB/OL］.［2013-4-20］.http：//news. 163. com/special/ yaandizhen/

[10] 王珊珊.镇江市场地工程建设适宜性区划［D］.武汉：中国地质大学，2007.

[11] 王志涛，田杰，苏经宇，等.汶川地震建筑物浅析［J］.工程抗震与加固改造，2008，30 （6）：13-18.

[12] 於家.基于人工智能的土地利用适宜性评价模型研究与实现［D］.上海：华东师范大 学，2010.

[13] 王万茂.土地利用规划学［M］.北京：中国大地出版社，2000.

[14] 中华人民共和国减灾规划（1998—2010 年）［M］.北京：中国大地出版社，2000.

[15] 严良.基于 GIS 技术的城市用地适宜性评价［D］.重庆：重庆大学，2004.

[16] Lade，P. V. Multiple failure surface over dip-slip faults［J］. Journal of Geotechnical Engineering，1994，110（5）：616-627.

[17] Bray，J. D. ，Seed，R. B. Analysis of earthquake fault rupture propagation through cohensive soil［J］. Journal of Geotechnical Engineering，1994，120（3）：562-580.

[18] Taniyama. Deformation of Sandy Deposits by Fault Movement［C］. Proc. 12th WCEE （No. 2209），2000（6）.

[19] 董津城.发震断裂上覆土层厚度对工程影响离心模型试验研究报告［R］.南京水利科学研 究院土工研究所，1999.

[20] 李小军，赵雷，李亚琦.断层错动引发基岩上覆土层破裂过程模拟［J］.岩石力学与工程学

报，2009，增 1 (28)：2703-2707.

[21]　刘守华，董津城，徐光明，等.地下断裂对不同土质上覆土层的工程影响 [J].岩石力学与工程学报，2005，24 (11)：1868-1875.

[22]　Scott，R. F.，Schoustra，J. J. Nuclear power plant sitting on deep alluvium [J].Journal of Geotechnical Engineering，1974，100：449-459.

[23]　Ling，M. L.，Chun F.，Fu S J. Deformation of overburden soil induced by thrust fault slip [J].Engineering Geology，2006 (8)：70-79.

[24]　Seed H. B.，Idriss L. M. Simplified procedure for evaluating soil liquefaction potential [J].Geotech. Engrg. Div.，ASCE，1971，97 (9)：1249-1273.

[25]　Seed H. B.，Idriss L. M. Evaluation of liquefaction potential using field performance data [J].Journal of Geotechnical Engineering，ASCE，1983，109 (3)：458-482.

[26]　Juang C. H.，David V. R.，Wilson H. T.. Reliability-based method for assessing liquefaction potential of soils [J].Journal of Geotechnical and Geoenvironmental Engineering，ASCE，1999，125 (8)：684-689 .

[27]　Fardis M. N.，Veneziano D. Probabilistic analysis of deposit liquefaction [J].Geotech. Engrg. Div. ASCE，1982

[28]　Youd T. L.，Idriss I. M. Liquefaction resistance of soils：Summary report from the1996 NCEER and 1998 NCEER/NSF workshops on evaluation of liquefaction resistance of soils [J].Geotechnical and Geoenvironmental Engineering，ASCE，2001，4：297-313.

[29]　汪闻韶.土的液化机理 [J].水利学报，1981，5：26-34.

[30]　谢君斐.关于修改抗震规范砂土液化判别式的几点意见 [J].地震工程与工程振动，1984，4 (2)：95-126.

[31]　张荣祥，顾宝和.砂土液化判别的评价综合方法研究 [J].地震工程与工程振动，1997，17 (1)：82-88.

[32]　Seed H. B.，et al. Clay Strength under Earthquake Loading Condition [J].ASCE，1966，92：53-78.

[33]　Thiers G. R.，Seed H. B. Strength and Stress-stain characteristics of Clays Subjected to Seismic Loading Condition Vibration Effects of Earthquake On Soil and Foundation [J].ASTM，1969.

[34]　石兆吉，郁寿松.软土震陷计算中若干问题的讨论 [J].地震工程与工程振动，1986，9 (4)：92-97.

[35]　李兰.动三轴软土震陷分析及抗震性能的评价 [J].第七届土力学及基础工程学术会议论文集，1994 (1)：652-656.

[36]　于洪治，何广讷，杨斌.软土震陷特征的试验研究 [J].大连理工大学学报，1996，36

(1)：76-81.

[37] 孟上九.不规则动荷载下土的残余变形及建筑物不均匀震陷研究 [D].哈尔滨：中国地震局工程力学研究所，2002.

[38] 孟上九，袁晓铭，孙锐.建筑物不均匀震陷机理的振动台实验研究 [J].岩土工程学报，2002，24（6）：747-751.

[39] 孟上九，袁晓铭.建筑物不均匀震陷简化分析方法 [J].地震工程与工程振动，2003，23（2）：102-107.

[40] 李冬，陈培雄，吕小飞，等.软土地震震陷研究现状综述 [J].工程抗震与加固改造，2011，33（2）：130-135.

[41] Aleotti，P.，Chowdhury R. Landslide hazard assessment：summary review and new perspectives [J]. Beng Geolenviron，1999，(58)：21-44.

[42] Carrara，A.，Cardinali M. GIS technology techniques in mapping landslide hazard [J]. Geographical information systems in assessing natural hazards，Dordrecht，The Netherlands，1983：135-175.

[43] Varnes，D. J.. IAEG Commission on Landslides and other Mass-Movements. Landslide Hazard Zonation：A Review of Principles and Practice [M]. Paris：The UNESCO Press，1984.

[44] Cotecchia，V.，Guerricchio A. The geomorphogenetic crisis triggered by the 1783 earthquake in Calabria [J]. Geologia applicata edidrogeologica，1986（21）：245-304.

[45] Rupke，J.，Cammeraat，E. Engineering geomorphology of the Widentobel Catchent，Appenzell and Sankt-Gallen，Gallen，Switzerland—a geomorphological Inventory system applied to geotechnical appraisal of slope stability [J]. Engineering Geology，1988，26（1）：33-68.

[46] Martin，Y.，Rood，K. Sediment transfer by shallow landsliding in the Queen Charlotte Islands，British Columbia [J]. Canadian Journal of Earth Sciences，1998，39（2）：189-205.

[47] Fansto，G.，Alberto，C. Landslide hazard evaluation a review of current techniques and their application in a multi-scale study Central Italy [J]. Geomorphology，2002，31：181-216.

[48] 张业成.云南省东川市泥石流灾害风险分析 [J].地质灾害与环境保护，1995，6（1）：25-34.

[49] 殷坤龙，朱良峰.滑坡灾害空间区划及 GIS 应用研究 [J].地学前缘，2000，8（2）：279-284.

[50] 刘玉恒，麻荣永，吴彰敦.土坝滑坡风险计算方法研究 [J].红河水，2001，20（1）：29-31.

［51］　朱良峰，殷坤龙.GIS 支持下的地质灾害风险分析［J］.长江科学院学报，2002，54（5）：42-45.

［52］　Wells，D. D. New empirical relationships among magnitude，rupture length，rupture width，rupture area，and surface displacement.［J］.Bulletin of the Seismological Society of America，1994，84（4）：974-1002.

［53］　Bray，J. D.，Seed，R. B. Earthquake fault rupture propagation through soil［J］.Journal of Geotechnical Engineering，1994，120（3）：543-561.

［54］　岳健，杨发相，罗格平，等.农业土地评价参评因子的权重问题［J］.干旱区研究，2004b，21（1）：55-58.

［55］　Sui，D. Z. Integrating neural networks with GIS for spatial decision making［J］.Operational Geographer，2004，11（2）：3-20.

［56］　胡月明，薛月菊，李波，等.从神经网络中抽取土地评价模糊规则［J］.农业工程学报，2005，21（12）：93-97.

［57］　焦利民，刘耀林.土地适宜性评价的模糊神经网络模型［J］.武汉大学学报（信息科学版），2004，29（6）：513-516.

［58］　Malezewski，J. Ordered weighted averaging with fuzzy quantifiers：GIS-based multi-criteria evaluation for land-use suitability analysis［J］.International Journal of Applied Earth Observation，2006，8（4）：270-277.

［59］　Hossain，M. S.，Chowdhury，S. R.，Das，N. G.，et al. Multi-criteria evaluation approach to GIS-based land-suitability classification for tilapia farming in Bangladesh［J］.Aquaculture International，2007，15（6）：425-443.

［60］　Brookes，C. J. A parameterized region-growing program for site allocation on raster suitability maps［J］.International Journal of Geographical Information Science，1997，11：375-396.

［61］　Manson，S. M. Agent-based dynamic spatial simulation of land-use/cover change in the Yucatan peninsula，Mexico［C］.Fourth International Conference on Integrating GIS and Environmental Modeling，Banff，Canada，2000.

［62］　Stewart，T. J.，et al. A genetic algorithm approach to multi-objective land use planning［J］.Computers & Operations Research，2004，31（14）：2293-2313.

［63］　Ponjavic，M.，et al. Geographic Information System and Genetic Algorithm Application for Multicriterial Land Valorization in Spatial Planning［C］.Sustainable Solutions for the Information Society-11th International Conference on Urban Planning and Spatial Development for the Information Society，2006.

［64］　周江红.东北黑土区水土流失状况分析及防治对策［C］.中国水土保持学会第三次大会论

文集，2000.

[65] Joerin，F.，et al. Using GIS and outranking multi-criteria analysis for land-use suitability assessment [J]. International Journal of Geographical Information Science，2001，15（1）：153-174.

[66] Aly M. H.，et al. Suitability assessment for New Minia City，Egypt：A GIS approach to engineering geology [J]. Environmental & Engineering Geoscience，2005，8（11）：124-132.

[67] 陈雯，孙伟，段学军.苏州地区开发适宜性分区 [J].地理学报，2006，61（8）：839-846.

[68] 陈松林.基于 GIS 的荒地资源适宜性评价 [J].福建地理，2001，16（1）：34-37.

[69] Alparslan，E.，et al. A GIS model for settlement suitability regarding disaster mitigation——a case study in Bolu Turkey [J]. Engineering Geology，2008，96（3/4）：126-140.

[70] 马东辉，郭小东，苏经宇，等.层次分析法逆序问题及其在土地利用适宜评价中的应用 [J].系统工程理论与实践，2007，6：124-135.

[71] 王威，马东辉，苏经宇，等.基于生态位构建的抗震防灾规划土地适宜性评价 [J].北京工业大学学报，2009，35（3）：309-315.

[72] 梁师俊，来丽芳，陈桂珍.城市用地抗震防灾适宜性分区研究 [J].安全与环境工程，2010，17（1）：14-21.

[73] 杨杰，陈新民，沈建.断层断裂过程的数值模拟 [J].西部探矿工程，2011，9：19-24.

[74] 张建毅，薄景山，袁一凡，等.活动断层及其避让距离研究综述 [J].自然灾害学报，2012，2（21）：9-18.

[75] 赵纪生，吴景发，师黎静，等.汶川地震地表破裂周围建筑物重建的避让距离 [J].地震工程与工程振动，2009，29（6）：96-101.

[76] 黄崇福.模糊信息优化处理技术及其应用 [M].北京：北京航空航天大学出版社，1994.

[77] Feng L H，Huang C F. A risk assessment model of watershortage based on information diffusion technology and itsapplication in analyzing carrying capacity of water resources [J]. Water Resources Management，2008，22（5）：621-633.

[78] 黄崇福.自然灾害风险分析的信息矩阵方法 [J].自然灾害学报，2006，15（1）：1-10.

[79] 韩竹军，冉永康，徐锡伟.隐伏活断层未来地表破裂带宽度与位错量初步研究 [J].地震地质，2002，4（24）：484-494.

[80] 赵雷，侯春林.有硬夹层的上覆土层破裂过程的数值模拟 [J].河南科学，2005，6（23）：874-876.

[81] 李慧荣.发震断层上覆土层破裂的试验研究 [D].淮南：安徽理工大学，2001.

[82] Anastasopoulos，G. Gazetas. Fault Rupture Propagation through Sand：Finite-Element Analysis and Validation through Centrifuge Experiments [J]. Journal of Geotechnical&Geoenvironmental

Engineering，2007，133：943-958.

［83］ 骆冠勇，吴宏伟，蔡奇鹏.地震错动引起的上覆砂层变形特性的离心试验研究［J］.岩石力学与工程学报，2010，8（29）：1649-1656.

［84］ 王家鼎，黄崇福.模糊信息处理中的信息扩散方法及其应用［J］.西北大学学报，1992，22（4）：383-392.

［85］ 李波，马东辉，苏经宇，等.基于信息扩散的强震地表破裂宽度预测［J］.应用基础与工程科学学报，2014，22（2）：294-304.

［86］ 王钟琦.地震区工程选址手册［M］.北京：中国建筑工业出版社，1994.

［87］ 徐锡伟，于贵华，马文涛，等.活断层地震地表破裂"避让带"宽度确定的依据与方法［J］.地震地质，2002，24（4）：470-483.

［88］ 袁晓铭，曹振中，孙锐，等.汶川8.0级地震液化特征初步研究［J］.岩土工程学报，2009，9（6）：1288-1295.

［89］ 刘颖，谢君斐.砂土震动液化［M］.北京：地震出版社，1984.

［90］ 梁凯利.日本新潟县发生强烈地震［J］.国际地震动态，2004，5（11）：107-118.

［91］ 刘惠珊.日本阪神大地震的启示［J］.工程抗震，1999，45（11）：37-43.

［92］ Cetin，K. O.，Seed，R. B. Standard Penetration Test-Based Probabilistic and Deterministic Assessment of Seismic Soil Liquefaction Potential［J］.J. Can. Geotech，2000，37（6）：1195-1208.

［93］ Juang，C. H.，Tao，Jiang. Assessing probability based methods for liquefaction potential evaluation［J］.Journal of Geotechnical and Geo environmental Engineering，2002，128（7）：580-589.

［94］ Moss，R. S.，Seed，R. B. Assessing probability-based methods for liquefaction potential e-valuation［J］.Geotechnical and Geo environmental Engineering，2006，3：378-387.

［95］ 曹振中.基于可靠性理论的砂土液化判别方法研究［D］.哈尔滨：中国地震局工程力学研究所，2006.

［96］ Anthony T. C. Back propagation approach for predicting seismic liquefaction potential in soil［R］.IEEE International Conference on Neural Network-conference Proceeding，1994，V5：3322-3325.

［97］ Popescu R，Prevost J. H. Centrifuge validation of a numerical model for dynamic soil lique-faction［J］.Soil Dynamics and Earthquake Engineering，1987：71-85.

［98］ Yoshiaki Yoshimi，Kohji Tokimatsu. Settlement of buildings on saturated sand during earthquake［J］.Soil and Foundations，1997.

［99］ 汪明武，李丽，罗国煌.基于Monte Carol模拟的砂土液化评估研究［J］.工程地质学报，2001，9（2）：214-217.

[100] 汪明武，罗国煜.可靠性分析在砂土液化势评价中的应用 [J].岩土工程学报，2000，22 (5)：505-509.

[101] 季倩倩.砂土地震液化的模糊优化判别 [J].岩土工程技术，2001，16 (5)：155-158.

[102] 徐斌，张艳，姜凌.矿井涌水水源判别的 GRA-SDA 耦合模型 [J].岩土力学，2012，33 (10)：3122-3128.

[103] 禹建兵，刘浪.路基砂土液化势的灰色三角白化权函数聚类方法 [J].中南大学学报（自然科学版），2014，45 (1)：269-275.

[104] 杨海涛，完颜华，李佳，等.灰色关联法和层次分析法在工程方案优选中的应用 [J].环境科学与管理，2008，33 (6)：69-78.

[105] 黄俊，赵西宁，吴普特.基于通径分析和灰色关联理论的坡面产流产沙影响因子分析 [J]. 四川大学学报（工程科学版），2012，44 (5)：64-70.

[106] 张菊连，沈明荣.基于逐步判别分析的砂土液化预测研究 [J].岩土力学，2010，增1：298-302.

[107] 卢文喜，李俊，于福荣，等.逐步判别分析法在筛选水质评价因子中的应用 [J].吉林大学学报（地球科学版），2009，39 (1)：126-130.

[108] Emilions，M.，Comodromos，Mello C. T. C. Pile Foundation Analysis and Design Using Experiment Data and 3-D Numerical Analysis [J]. Computers and Geotechnics，2009，36 (5)：819-836.

[109] Duku，P. M.，Stewart，J. P. Volumetric strains of clean sands subject to cyclic loads [J]. Journal of Geotechnical and Geoenvironmental Engineering，ASCE，2008，134 (8)：1073-1085.

[110] Aissi，A.，Bensenhamdi，S. Prediction of the bearing capacity and behavior of monitored soft soil embankment foundations [J]. Naukovyi Visnyk Natsionalnoho Hirnychoho Universyteu，2014，n3：11-16.

[111] 罗伯特 L. 威格尔.地震工程学 [M].北京：科学出版社，1978.

[112] Atkinson，H. Subsidence above shallow tunnels in soft ground [J]. Journal of the Geotechnical Engineering Division，1997，v103：307-325.

[113] 郑刚，顾晓鲁.高等基础工程学 [M].北京：机械工业出版社，2007.

[114] Stewart，J. P. Volume change in unsaturated soils from cyclic loading [R]. Los Angeles：University of California，2009.

[115] 赵国杰，张炜熙.河北省海岸带经济脆弱性评价 [J].河北学刊，2006，26 (2)：227-229.

[116] 张林.创新性企业绩效评价研究 [D].武汉：武汉理工大学，2012.

[117] 李宏奇，朱霞.利用空气污染指数评价环境空气质量 [J].青海环境，1999 (3)：35-38.

［118］　汪明武，李丽，金菊良.基于盲数理论的液化等级风险评价模型［J］.岩土工程学报，2010，32（2）：303-307.

［119］　石博强，赵德祥，李海鹏，等.基于盲数理论的最优化方法与程序实现［J］.北京科技大学学报，2007，29（5）：523-527.

［120］　高峰，张志镇，高亚楠，等.基于盲数理论的冲击地压危险性评价模型［J］.煤炭学报，2010，29 sup：28-32.

［121］　卫青.基于 GIS 的地质灾害易发程度分区的评价系统研究［D］.成都：电子科技大学，2007.

［122］　刘新平.标准分数及其应用［M］.西安：西北工业大学出版社，1997.

［123］　Andrzej，et al. New algorithms for non-negative matrix factorization in applications to blind source separation［J］. ICASSP，IEEE International Conference on Acoustics，Speech and Signal Processing -Proceedings，2006，v5：621-624.

［124］　 Cruces-Alvarez，et al. From blind signal extraction to blind instantaneous signal separation：Criteria，algorithms，and stability［J］. IEEE Transactions on Neural Networks，2004，v15：859-873.

［125］　刘颖，谢君斐.砂土震动液化［M］.北京：地震出版社，1984.

［126］　李波，苏经宇，刘晓然，等.区域软土地基震陷评估的条件广义方差极小-盲数耦合分析［J］.土木工程学报，2014，47 sup：287-292.

［127］　黄润秋，李为乐."5.12"汶川大地震触发地质灾害的发育分布规律研究［J］.岩石力学与工程学报，2008，17（12）：2581-2591.

［128］　马宗晋，高庆华.中国自然灾害综合研究 60 年的进展［J］.中国人口资源与环境，2010，20（5）：1-5.

［129］　Carrara，A. Landslide inventory in Northern Calabria，Southern Italy［J］. Geological Society of America Bullentin，1976，87（8）：1153-1162.

［130］　Aeza，C. Assessment of shallow landslide susceptibility by means of multivariate statistical techniques［J］. Earth Surface Processes and Landforms，2001，26（12）：1251-1263.

［131］　Guzzetti，F，Cardinali，M. Landslide hazard evaluation：an aid to a sustainable development［J］. Geomorphology，1999，31：181-216.

［132］　Guzzetti，F，Reichenbach，P，Cardinali，M. Landslide hazard assessment in the Sraffora basin，northern Italian Apennines［J］. Geomorphology，2005，72：272-299.

［133］　王应明.运用离差最大化方法进行多指标决策与排序［J］.系统工程与电子技术，1998，20（7）：24-26.

［134］　王明涛.多指标综合评价中权数确定的离差、均方差决策方法［J］.中国软科学，1999，8：100-103.

[135] 陈华友. 多属性决策中基于离差最大化的组合赋权方法 [J]. 系统工程与电子技术，2004，26（2）：194-197.

[136] 李朝霞，牛文娟. 系统多层次灰色熵优选理论及其应用 [J]. 系统工程理论与实践，2007，（08）：49-55.

[137] Xu Zeshui. An approach to group decision making based on incomplete linguistic preference relations [J]. International Journal of Information Technology & Decision Making，2005，4（1）：153-160.

[138] Smith，J. E. Decision analysis in management science [J]. Management Science，2009，21（03）：225-230.

[139] 陈守煜. 可变模糊集理论哲学基础 [J]. 大连理工大学学报（社会科学版），2005，26（1）：53-57.

[140] Xiaoran Liu，Jingyu Su，Bo Li. Seismic Collapse Hazard Assessment Based on the Variable Fuzzy Sets [J]. Electronic Journal of Geotechnical Engineering，2014，19：8223-8233.

[141] 冯峰，许士国，周志琦. 模糊可变评价法在湿地水质评价中的应用 [J]. 人民黄河，2007，29（8）：41-42.

[142] 张弛，郭瑜，李伟. 基于模糊可变集合理论的地下水质量综合评判 [J]. 水电能源科学，2007，25（4）：15-18.

[143] Chen Shouyu，Guo Yu. Variable fuzzy sets and its application in comprehensive risk evaluation for flood-control engineering system [J]. Fuzzy Optimization and Decision Making，2006，5（2）：153-162.

[144] 朱明仓，吴合镇. 房价与地价关系的空间统计方法研究 [J]. 商场现代化，2007（25）：210-212.

[145] Trail David，M.，Blom Ronald，G. Satellite remote sensing of earthquake，volcano，flood，landslide and coastal inundation hazards [J]. ISPRS Journal of Photogrammetry and Remote Sensing，2005，59（4）：185-198.

[146] 吴良镛. 城乡建设若干问题的思考 [J]. 北京城市学院学报，2007（3）：1-10.

[147] 臧俊梅，王万茂. 土地资源配置中规划与市场的经济学分析 [J]. 南京农业大学学报（社会科学版），2005（3）：35-39.

[148] 刘贵利. 城镇结合部建设用地适宜性评价初探 [J]. 地理研究，2000（1）：80-85.

[149] 马东辉，郭小东，王志涛. 城市抗震防灾规划标准实施指南 [M]. 北京：中国建筑工业出版社，2008.

[150] 马东辉. 城市抗震防灾规划相关技术研究 [D]. 北京：清华大学，2005.

[151] 傅伯杰，张立伟. 土地利用变化与生态系统服务：概念方法与进展 [J]. 地理科学进展，2014，33（4）：441-446.

[152]　王艳，宋振柏，吴佩林. 基于 GIS 的土地适宜性评价 [J]. 安徽农业科学，2008（6）：2487-2489.

[153]　郭欣欣. 基于 GIS 的南京浦口新市区建设用地适宜性评价 [D]. 长春：吉林大学，2007.

[154]　温华特. 城市建设用地适宜性评价研究——以金华市区为例 [D]. 杭州：浙江大学，2006.

[155]　Liu Bo，Zhang Xuejun. Variable weights decision-making and its fuzzy inference implementation [J]. Fuzzy Systemes and Knowledge Discovery，2007（2）：635-640.

[156]　Ovcharenko，V. N. Adaptive estimation of variable weights in a linear adder [J]. Automation and Remote Control，2013，（4）：660-670.

[157]　Barahona，Dahl Veronica. Classification tree generation constrained with variable weights [J]. Lecture Notes in Computer Science，2011（1）：274-283.

[158]　李洪兴. 因素空间理论与知识表示的数学框架-均衡函数的构造 [J]. 模糊系统与数学，1996，10（3）：12-19.

[159]　Li Hongxing. Fuzzy decision making based on variable weights [J]. Mathematical and Computer Modeling，2004，39（23），163-179.

[160]　刘文奇. 变权综合中的惩罚-激励效用 [J]. 系统工程理论与实践，1998，18（4）：41-47.

[161]　Atanassov T，K. Intuitionistic fuzzy set [J]. Fuzzy Sets and Systems，1986，20（1）：215-218.

[162]　Azadeh，A，Ghaderi，S. F. Annual electricity consumption forecasting by neural network in high energy consuming industrial sectors [J]. Energy Conversion and Management，2008，49（8）：2272-2278.

[163]　Gau，W. L. Vague sest [J]. IEEE Transactions on System，Man and Cybernetics，1993，23（2）：610-614.

[164]　Bobillo，Fernando. Supproting fuzzy rough sets in fuzzy description logics [J]. Lecture Notes in Computer Science，2009，v5590：676-687.

[165]　Bobillo，Fernando. On the failure of finite model property in some Fuzzy Description Logics [J]. Fuzzy Sets and Systems，2011，v172：1-12.

[166]　Mishra，Jaydev. Vague normalization in a relational database model [J]. Communications in Computer and Information Science，2012，v352：332-344.

[167]　魏东芳，汪明武，李健. 基于集对分析的膨胀土胀缩性 Vague 集评价模型 [J]. 上海国土资源，2013，34（3）：89-92.

[168]　周晓光，张强. Vague 集（值）相似度量的比较和改进 [J]. 系统工程学报，2005，20（6）：619-619.

[169]　刘华文. Vague 集之间的相似度量及其在模式识别中的应用 [J]. 山东大学学报，2004，2

（34）：110-114.

[170] 夏少云，查建中，李志辉，等.Vague 集之间的相似度量分分析与研究［J］.北京交通大学学报，2004，2：95-99.

[171] Liang Zhizhen. Similarity measures on intuitionistic fuzzy sets ［J］. Pattern Recognition Letters，2003（24）：2687-2693.

[172] Li Dengfeng. Some measures of dissimilarity in intuitionistic fuzzy structures ［J］. Journal of Computer and System Sciences，2004（68）：115-122.

[173] 程雄，张王菲，焦英华，等.用 GIS 技术编制土地利用规划图［J］.信息技术，2003（3）：38-40.

[174] 陈绍福.城市综合减灾规划模式研究［J］.灾害学，1997，12（4）：20-23.

[175] 贾婧.土地利用综合防灾规划及其空间决策支持系统研究［D］.青岛：中国海洋大学，2008.

[176] 辛峻峰.城市用地抗震适宜性评价方法研究［D］.青岛：中国海洋大学，2009.

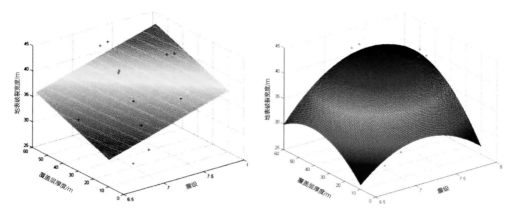

（a）多元线性回归拟合图　　　　　　（b）完全二次回归拟合图

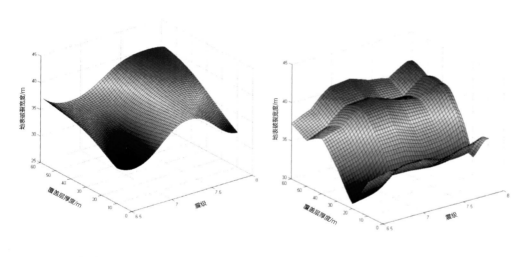

（c）BP神经网络拟合图　　　　　　（d）信息扩散拟合图

图2-6　地表破裂宽度与覆盖层厚度、震级数据拟合图

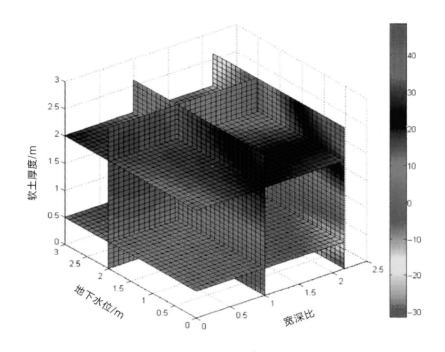

图4-4 完全二次回归拟合图